EVERY PERSON'S LIFE IS WORTH A NOVEL

故事疗愈

[美] 埃文·波斯特(Erving Polster) —— 著
伍立恒 —— 译

北京联合出版公司
Beijing United Publishing Co., Ltd.

图书在版编目（CIP）数据

故事疗愈 /（美）埃文·波斯特著；伍立恒译. —北京：北京联合出版公司，2021.8
ISBN 978-7-5596-4580-7

Ⅰ. ①故… Ⅱ. ①埃… ②伍… Ⅲ. ①心理学－通俗读物 Ⅳ. ①B84-49

中国版本图书馆CIP数据核字(2021)第106972号

Every Person's Life Is Worth a Novel Copyright © 1987 by Erving Polster
Copyright in the Chinese simplified language
Simplified Chinese translation copyright © 2019 by Beijing Adagio Culture Co.,Ltd.

北京市版权局著作权合同登记　图字：01-2021-2913号

故事疗愈

作　　者：[美]埃文·波斯特
译　　者：伍立恒
出品人：赵红仕
选题统筹：邵　军
产品经理：张志元
责任编辑：郭佳佳
封面设计：异一设计

北京联合出版公司出版
（北京市西城区德外大街83号楼9层　100088）
北京联合天畅文化传播公司发行
河北华商印刷有限公司印刷　新华书店经销
字数200千字　880毫米×1230毫米　1/32　9印张
2021年8月第1版　2021年8月第1次印刷
ISBN 978-7-5596-4580-7
定价：56.00元

未经许可，不得以任何方式复制或抄袭本书部分或全部内容
版权所有，侵权必究
本书若有质量问题，请与本公司图书销售中心联系调换。
电话：(010) 64258472-800

写给中国读者

本书以小说为范例，为心理治疗师塑造了新的思维框架。人们常常惊讶于别人的历险，却没有认识到自己的生活也充满了戏剧性。本书则从这种现实中洞见了疗愈的潜力。从这个简单的视角，我们能够检视那些故事情节、悬念、独一无二的特色和日常生活中的事情，通过充满不确定性的体验，以丰富多彩的方式探寻这一切如何构成了充满创意的成长之路。

故事，在本书中被定位成人类获得新生的基本工具，书中以大量实例，就如何引导出一系列故事并将这些故事上升到人们生活中恰当的重要高度，提供了特定的步骤。本书还呈现了对人类入迷状态的来源和力量详尽而富有深度的研究，而且展现了如何聚焦于关键的事情，同时示范了如何将内在对话转化成可表达的成果。

本书的主题——每个人的一生都是值得一读的小

说——也可能为不是心理治疗师的那些读者提供一些洞察。读者可能会认识到,如果借助恰当的关注,他们一生的经历,也可能像小说世界描绘的那样充满戏剧性。小说家和心理治疗师都在邀请我们翻开我们自己的人生这部小说的封面,去发现其中的种种奇观。如果我们像书中展示的那样做了,我们就走向了笃定其存在的满足感。

虽然我是从生活在美国的一位心理学家的视角写本书的,但我尽可能做到努力理解人类社会的关键状态,即无论哪里的人们,都会关心如何度过自己的一生。我希望本书清楚体现了这个目的,而且希望这些思想在中国人的人生实践中也能找到一席之地。本书能够在中国出版,我深感荣幸。这可能不仅有助于人们认识人类社会的一些重要的基本原则,也有助于认识超越地域界限的人与人之间的共性。

埃文·波斯特博士

前言

我很幸运,在完成心理学首个研究生课程前,已经在从事心理学领域的工作了。我被患者讲述的一切迷住了,仿佛自己只有五岁,在家族聚会中趴在那里听大人们说话。我从患者和家族这两个群体中都听到了很多故事,不过我给我的患者新指派了一项特殊的责任——保持最坦诚的代入感。我深知仅仅像响应型的人那样,倾听他们的故事并自然回应还远远不够。这就是我40年探索发展我的技术领悟力的起点。

如今,以我全部所学,无论从技术还是非技术层面,我还是认为,我对来找我治疗的那些人的着迷,仍然是我工作中的一个主要因素。不过,在我读过的大量心理学著作中,虽然也有一些值得注意的例外,但在提及人们的生活让人着迷的天然本质,或者患者内心感受到这种品质是多么有益这两个方面,一直都只是浅尝辄止。

本书尝试将一项治疗任务的技术要求与认知疗愈的效果

整合起来。疗愈效果是随着人们意识到自己是多么不同寻常地有趣而产生的。为了达到我的这个目的，在整合方面最合适的榜样莫过于小说家了，在深入探索人类行为与意识方面，治疗师与小说家亲密相融。治疗师通过认识到与小说家的这种普遍连接，可以更容易感知到人们生活中的戏剧性——他们经历的情节、他们制造的悬念、发现独特的性质和事件、每个人的一生呈现的微观注解，以及通过有问题的经历不可避免地进行创造性交流。本书将阐明一些途径，通过这些途径，我们可以将小说家的视角转化成治疗方法。

"每个人的一生都是值得一读的小说"，这句话出自法国伟大的小说家古斯塔夫·福楼拜，他就是从平凡大众的生活中提炼出戏剧的。在描述这个主题时，本书还会为许多非心理学专业人士提供一些见解。每个人在读本书时可能都会觉察到自己经历的一些体验，这些体验一旦被留意，你会发现它其实就是广受推崇的小说中写的那些内容。尽管我们中的许多人确实在小说家设计的人物身上认出了自己，但有时候还是感觉小说描绘的人物和我们不在同一个世界。实际上，我们先于小说中的人物而存在，小说家和治疗师都在引导我们去揭开我们自己生活的面纱，发现内在的奇迹，无论是痛苦还是欢乐。只要我们这么做，就迈向了一种笃定其存在的满足感。

得知完形疗法大师埃文·波斯特如今已经年逾九旬，无法亲自来中国授课时，一种莫名的使命感油然而生，我欣然接下了本书的翻译工作。从正式着手翻译的第一天开始，就深深地体验了苦乐交织的身心成长之旅。

初读本书，感觉作者语言非常平实、生动，明明是一本心理学专业的书，读来却如小说般引人入胜，忍不住一口气全部读完。回过头再细品，作者作为心理学大师特有的功力开始显现，清晰的框架，深刻的洞察，巧妙的启发，无不促使我时时代入感受与反思，整个过程堪比参加了一次深度心理咨询。

至着手开始翻译，才发现要用中文传神地表达原文内容非常不易！第一，作者娴熟运用的修辞手法在语法与结构迥异的中文中很难找到完全对应的表述；第二，书中涉及的心理学专业术语，对于没有心理学基础的读者来说，也许根本无法看懂；第三，书中直接引用了大量世界名著的内容，这对于没有读过这些西方作品的中国读者来说，因为不了解背景，也很难理解。于是，对于译者来说，磨人的旅程开始了。

在整个翻译过程中，我不仅重新翻阅了我读大学时期英国语言文学专业的大量著作，还重温了翻译课的专业教材，借着过往十多年来在心理学方面的深入学习，努力将原文嚼细吃透，再转化成中文语境下可以理解的表达。夜以继日地琢磨大师思想的过程，无异于每天在精神上接受大师的耳提面命。译稿经过反复修改，总算基本呈现出原文的神采。这个艰难的过程，无形中成就了我内在的一次新的飞跃与成长，也算完成了最初深怀于心的使命。

本书最独特之处在于将小说家与心理治疗师类比，用别人的故事唤醒读者对自己人生经历的觉察，从而洞悉自己的心理奥秘，打破心理定式的纠缠，焕发出充满创意的生命力。大师之作，读来受益于无形，却影响深远。愿更多人能借由此书感受到大师的启迪。

由于译者水平有限，译稿中难免有错漏，希望读者多多指正。

伍立恒

2019年10月

第一章
每个人的一生都是值得一读的小说//001

日常生活中的戏剧场景//010
  被自己的人生感动
变平凡为非凡//014
  在平凡的背景中，非凡在等待着一股力量将自己释放出来
体验的夸张//019
  小事也会对一个人造成冲击
痛苦与戏剧之间的节奏//028

第二章
活过与讲出来//035

对话式故事//041
  讲者知道了完全属于自己的人生

1

倾听故事//045
　　悄然捕捉一个好故事
驾驭难以琢磨的体验//047
　　人们想改变自己的生活，却无法确切地指出究竟要改变什么
投身生活//050
　　朝着自己承诺更好地去生活的方向努力
吸取教训//058
　　通过讲故事将生活原则具体化为行动细节
信息//061
　　人们被深入导向他们自己的人生细节
释放能量//065
　　要达到最新的状态，必须释放干扰能量

第三章
转变——故事的关键//067

"箭头"现象//070
　　每一件事都含有指向未来的"箭头"
悬念//075
　　在平常情境下，我们很容易忽略从一个瞬间到另一个瞬间的小转变
结局//079
　　关注接下来会发生什么，最终会转变成担心事情将如何结束
体验的单元//087
　　即使最悲惨的生活，也包含许多快乐的单元
直线性//090

一些古怪的行为背后常常存在一些体验

跳过步骤//091

　　每个人都有权选择如何处理自己对"下一步是什么"的感觉

转移目标//095

　　每个想法都隐隐延续着另一个已经开始的想法

紧凑与松散的顺序性//098

　　我们都生活在此刻与下一刻之间的转折点上

第四章

发掘故事// **109**

问问题//116

　　打开每个人的独特之处

每个整体都有局部//120

　　任何一种体验都包含着故事的素材

充实一个瞬间//122

　　将体验的瞬间扩展成一部内容丰富的作品

觉察即信号//125

　　没有敏锐的觉察，人们将失去对现实的直接认识

指引性意象//130

　　将各种体验组合在一起，照亮我们的道路

从故事中引出故事//137

　　让讲述者消除隔阂并减轻焦虑的程度

第五章
意义中的韵律／／143

自由表达／／147
 尽管某些隐藏的意义未被破解，但已经存在于每个人的行为中

意义与事情的相互作用／／152

扰乱心思／／155
 当人们面对与自己的身份感不和谐的个性时，焦虑感就会增强

"神秘"与"混乱"／／158
 为了克服紧迫感带来的混乱，人们通常把事情一概而论

解释／／164
 寻求颠覆旧意义，或者增加被忽视的新意义

第六章
内在对话／／169

接触／／175
 在一个人内在各部分之间创造对话，首要的任务是提高接触的质量

安全机会／／178
 想象力使我们能够安全地分辨出行动中可能会被禁止的特征

违反优先顺序／／180
 我们需要自己内在的各部分协同运作，而不是试图各行其道

空椅子／／184

每个人还需要和许多外在的人沟通

第七章
打开聚光灯　/／191

言语的强调／／193
　　必须使用一些言语，启发大家清楚地看到重要的事情
认可／／196
　　渴望获得认可，就是渴望得到公众注意
风格／／204
　　当某些特征变得可靠、清晰可辨时，它们就形成了一个人的风格
情境／／205
　　注意力的提升可能会受它所处情境的强烈影响
后果／／208
　　人们往往会忽略很有价值的后果
过度聚光／／210
　　聚光灯下的生活也会扭曲一个人现实的健全性

第八章
着迷　/／213

技术与着迷之间的相互作用／／227

第九章
逃离当下 // 235

分裂 // 241
　　将注意力与大量可能不受欢迎的事物切断
洗脑 // 246
　　洗心革面，打开心智接受当下涌进来的一切
催眠 // 247
　　短暂脱离
冥想 // 250
　　让人印象深刻的内在改变常常随之而来
完形疗法 // 253
　　我们可以向前看的未来是存在的

鸣谢 // 271

第一章
每个人的一生都是值得一读的小说

丽迪娅，我不是在谈论剧本。剧本只是特定场景中的对白。一出戏可以专心致志地朝向结局发展。小说则不同，像小说这类体裁，可以凭想象刻画一个人的人生，但不管怎样，似乎都是围绕这个人纷繁的思绪去演绎种种的迂回曲折与跌宕起伏。

——琳恩·莎伦·舒瓦茨《场域中的干扰》

人们往往最后一个意识到自己的人生是多么富有戏剧性。他们整天对他人的奇遇感到惊奇，却不肯向内看，其实自己的人生恰恰也充满同样的状况。拉夫就是这样一种人。如果他不是在我的治疗小组中，他可能永远不会引起我的注意。他是个具有人格解体特征的人，完全出于本能坐在那里，听别人讲他们的经历。尽管他聚精会神关注着这一天中发生的每件事，但我还是没有看到这些事情在他内心激起了

第一章
每个人的一生都是值得一读的小说

波澜。他沉默了一整天,而他的脸却泛着红光,像个发光的灯泡。

拉夫表情孤寂、脸泛红光却并不缺乏理智,尽管这可能会引起他人惊奇。他似乎更像个东方的智者,沉浸在冥想状态中,对他人毫无所求。他似乎并不感到害怕,且显然并不打算说什么。我想,此时我一说话,可能会打断他一直试图保持的那份悬在半空中的健全感,就像冥想祷文的"OM"一样。然而,这种自我保护性的健全感又能持续多久呢?

拉夫被一整天悄悄集聚在体内的压力压得喘不过气来,他终于意识到这一天就快结束了,但他还是一言未发,他想强迫自己说点儿什么。我很快便发现,我的猜测从一开始就是错的。拉夫的沉默状态根本不是修炼了什么神秘大法,他一成不变的面部表情也只是他抗拒"重要感"的一种典型表现。尽管他将自己置身于低人一等的位置,但他内心还是有一个急切地想挽回点什么的愿望。不过,此时再做什么,似乎有点儿太迟了。显然,他由于沉默太久,已经变得麻木,以至于当他终于试着开口时,他脑海中一片空白,什么也说不出来。我试着帮他从他的"瘫痪"状态中走出来,可是他只是动了动嘴唇回应我。他用所有熟悉的词语解释自己的无法动弹,他说自己被"挑战",被"建立联系",被"改变",被"权威"吓到了。他总算东拼西凑说出自己想说的话，但他此时能做的也不过如此。从表面上看，用我们的行话说——他被裹在了壳里。

不过，我还是有理由相信，在恰当的环境下，我可以读懂拉夫。既然他已经开口说话了，我打算抛开他说话时断断续续的那种空格模式，把关注点放在将种种细节填充进他言辞中断开的那些空白处，使有趣的故事连贯起来。尽管他看起来几乎没有明确鼓励任何人继续深究，但他脸上的表情还是显现了一丝愉快的光芒。作为一位人生体验的挖掘者，我能够识别出有意思的人身上任何一点儿信号，但我必须小心留意他的一些不一致的行为，他可能会借此又拒人于千里之外。他有一双迷人的绿眼睛，但颜色像是刷上去的，而且被罩在他突出的额头的阴影中。他脸上皱纹的走向全是向下的，皱纹的纹路很深，一看就是由于经常烦恼不安造成的，但他那副逆来顺受的样子又会让大部分人无心继续深究。他柔软的身体线条透露的流畅优美，与他固化僵硬的姿势形成了反差。但从他空洞的表情里，我可以想象出如磐石般的顽强，就像被捕的间谍。好了，我已经掌握足够的线索了。

然而，尽管这些矛盾的表现并不是那么明显，但我还是有把握认为拉夫身上其实已经具有很多戏剧性的东西——其实每个人身上都有。绝大多数人的人生旅程都是从穿过子宫、产道进入外部世界展开的。度过出生危机活下来后，人们一

第一章
每个人的一生都是值得一读的小说

直依赖于陌生人。这些陌生人由不得他们挑选，还说着他们听不懂的话，这种依赖性让他们感觉生命受到威胁。他们受到一些无法预见的事情的威胁，于是他们哭闹、踢打、尖叫或撕咬。有时候他们又热情高涨。他们在穿越人生各阶段时经历了戏剧性的变化，例如吸吮、爬行、产生自我意识、性发育，还有职业发现——这些无不带来新的机会和威胁。无论在哪个阶段，他们总是会在矛盾中倍感困扰，纠结于是该满足自己的需求还是满足他人的需求，而这些人可能还有一些非常奇怪且常常冥顽不化的习惯。无论在当时有没有认识到，每个人都会经常陷入神秘事件、暴力、焦虑、性、野心和个人决定的不确定性中。最终，等待所有人的只有死亡！这就好比一条山溪流经一道河床，这些体验和其他体验划过每个人的一生，雕琢着每个人的性格。

没有人能够逃避别人对我们的兴趣。我们可以做到无视遍布周遭的影响，不过，多数人必须凭借出众的天赋才能做到。拉夫对此非常在行，就像卡通人物马古先生一样。马古先生瞎着眼若无其事地穿越了大部分具有毁灭性的危险。尽管马古先生是真的盲人，但他完全没有发现这些危险，我们这些观众还是能够看到他每一次都能侥幸逃过。每当看到他再次毫发无损地穿越过去，我们都会被逗得哈哈大笑。马古让我们很开心，他诱使我们幻想自己也可以通过无忧无虑地无视周围的世界而逃避生活中的各种危险。其他许多虚构的人物可就不像马古这么幸运了。威尔第笔下的卡米尔就因为无视自己的健康状况而死于肺结核，而田纳西·威廉斯笔下的布兰奇·杜布瓦则活在梦的世界，最终被马车拉走送进了疯人院。

　　拉夫的逃避并不像马古、卡米尔或布兰奇那么富有戏剧性。关于这些人物身上还可能发生什么，悬念还继续存在，而我们在乎的是能立即看到结局。拉夫的情况并非如此。他让自己镇定下来的方式，使别人很难在意他。许多人都是这样。他们可能表现得谈吐枯燥乏味、道德上中性、相貌平平或无精打采。然而，这一切都是伪装的，他们企图转移人们的视线，让人们无法注意实际上非常有意思的那些方面。在我40年的心理医生职业生涯中，我见过最厉害的伪装大师。他们中有些人很善于隐藏自己那些让他人兴奋的品质，其技巧甚至超过我识破他们的技巧。不过，我永远知道这些品质是存在的，就像猎人总是知道森林中隐藏的蛇、鸟和变色龙，对于一双紧盯目标的眼睛来说，它们就在那里。我只要警觉地环顾四周，那些隐形人通常迟早会现形。有时候，隐形人至少会显露一些像小说中的人物那种值得注意的特征甚至优点，这不仅仅会引起我特别留意他并私下里解读他，还会引起他人更加广泛的关注。

第一章
每个人的一生都是值得一读的小说

这些人在抛开呆板形象的过程中，会分享很多非常个人化、惊心动魄、多姿多彩的回忆、看法、期望与洞见。通过挖掘这些储存起来的宝藏，有些人会保持开放状态，而且一直非常有趣。而另一些人一旦察觉到危险，就会立即退回到原来他们一直赖以生存的空洞状态。

刚开始，拉夫只是用一种充满陈词滥调的思维说话，说的全是自己的一些打算，没什么实质性的内容。听他说了一通无聊的废话后，我终于意识到这样不会有任何结果，于是不再听下去。我不理会他的心理企图，只是寻找每个人都能明白的那些细节以减轻赌注，我知道他会给我提供这些细节。

作为引子，我给他讲了一些我自己生活中的故事，希望让他相信一个人的人生对别人来说也可能很重要。我告诉他，我出生于捷克斯洛伐克，而且给了他一些信息——关于我和我的家人作为外国人来到这个国家时经历的种种艰辛。然后，为公平起见，我可以问他是在哪儿出生的，不至于像智障人士一样被晾在那里。这回他乐意说了，尽管仍然很拘谨。刚开始他说话就像是在念档案：出生于巴尔的摩，父亲在外交使节团工作，在巴尔的摩住了三年，其他地方住了两年，上了八年天主教学校，得过囊胞性纤维症。"囊胞性纤维症！"他准备轻描淡写地一语带过此事，但被我打断了。他不动声色地补充说:"小时候,我和我的两个兄弟一天会上三次呼吸机。"说这句话时,他念档案式的说话方式开始瓦解。很快,他哭了起来并带着怀疑的语气认真地问道:"这算多糟糕的事呢?"他又加了一句,"你可以承受,这没什么大不了的。"原来,"没什么大不了"就是他人生的主题。尽管如此,他的眼泪已经温暖了他自己。他接着往下说,而且开始像小说家那样,把注意力全放到了细节上,向我们描述了他自己的人生一直是什么样子的。每周打两针,一针打在屁股上,一针打在手臂上。做汗测试,被浑身包裹着在500瓦的灯泡下照八个小时。每天午餐时间都不得不离开学校去上呼吸机。这样的生活不可能感觉正常!

又一个致命的打击随后而至。囊胞性纤维症的诊断居然是错误的!"这种病是绝症,"拉夫说,"一般十八岁以前就会死去。"之所以发现以前是误诊,仅仅是因为他没死。说到这里,他哭得更厉害了,泪如雨下,但他还是坚称这没什么大不了的。

这么多年来,面对随时可能到来的死亡,他一直勇往直前,绝大部分人会认为这是件非常重大的事。假如拉夫从小说中读到这样的故事,他一定会这么认为。当我问有关他每天直面死亡的事时,他说:"这件事谈得并不多,我猜自己从未真正相信过这是真的。小孩子不相信这类事情。我们中有

第一章
每个人的一生都是值得一读的小说

个小孩子,我记得很清楚他有辆单车,后来他死了。还有一个小孩子,是个黑人,他每次都和我一起去做汗测试和打针,所以我们在一起度过了很长的时光。他也死了。他死时大约十六岁。真的糟透了,太让人伤心了。"

此时我坐近拉夫,他靠过来让我搂着,说:"该死的伤害,真是太伤人了。当我回想我的童年时,我会想起很多事情,但我从来不想这件事,从来不想。"现在他更进一步放开了,在我怀里大哭起来,就好像他整个人炸开了一样。最后,当他睁开眼睛时,发现大家是那么全神贯注地看着他,他惊讶极了。因为从很久以前开始,他就一直不让别人对他产生兴趣。为了努力减轻他在"没什么大不了"的状态中感受到的痛苦,拉夫选择性地剔除了一个重大事实,那就是虽然他周围的人陆续死去而他却仍然活着。比这更糟糕的是,他剔除这件事的同时,也剔除了自己人生中更重要的一段经历。此刻,他的痛哭如久旱后的甘霖,释放着锁在他身体里的极大痛苦,更新着他对那些死去的孩子们现实悲剧的哀伤,而且让他开始承认自己居然惊人地幸存了下来。拉夫一旦意识到自己非凡的存在,就会一直很珍视这份存在。两年后,在经历了让人有些开心、难过的一系列重要事件后,他内心充满温暖地感慨道:"被自己的人生感动,真的挺奇怪的。"

日常生活中的戏剧场景
被自己的人生感动

要想引出拉夫人生中的戏剧场景,有必要抛开对什么是"有趣"的各种偏见。在治疗中,做到这一点相对容易一些,因为治疗时间是针对这个目的特别安排的。在一般情况下,人们不太可能为了搜寻隐约有一些趣味的素材,将自己的优先偏好放到一边。每个人的意图如此不同,以至于在探索他们一生中隐藏的戏剧场景时,通常使人无法特别专注。仅仅关心特定的某个人并简单地将其他人放到一边,对我们大多数人来说是个非常不错的做法。如果有些人无法引起我们的兴趣,那就是他们对我们不感兴趣。我们每天都会遇到这种情况,在聚会上、在工作中、在家庭里、在政治上,甚至在城市街头散步时,我们根本不可能过无条件地关注一切的生活。而相对适度的关注,则在每个人可承受的范围之内;去欣赏自己人生的戏剧性,降低看别人人生戏剧性的份额,还是可以做到的。对这些隐匿的戏剧场景保持开放态度,即使是浅尝辄止,也可以成为提升自身体验的重要事情。小说家杰瑞·科辛斯基在《今日心理》中接受盖尔·希伊访谈时说:

没有什么能阻止我将我的人生理解成一系列

第一章
每个人的一生都是值得一读的小说

情绪饱满的事情，所有的事情都被记忆串连起来了……一件事只是人生戏剧的一个瞬间，当事情发生时，我们会觉察到。我认为，这份觉察及觉察的强度，决定着我们的人生仅仅是勉强被感知的一种存在，还是有意义的生活。我们不必为了强化人生体验而仅仅去识别充满戏剧性的每个瞬间，最重要的是，要认识到自己才是这些戏剧的主角。

有一个女人就是科辛斯基所说的这种人，她错过了成为自己人生主角的机会。在我太太的一堂治疗课程上，她抱怨说，她的父亲在临死时让她继承他的事业。她描述了父亲临终前的情景，她的父亲死时头就枕在她的膝盖上。在这个故事中，她的父亲是主要人物，而她只是个小角色。很显然她在生活中也是这样的。

治疗师请她重新讲一遍她自己的故事，这一次她要把自己作为主要人物。当她这么做时，她体验到了自己代替父亲的位置自由自在地走来走去，而且做了个以自己为中心的人。她的故事中的转变非常简单。她只是着重描述了父亲死时她自己的感受，而且发现这些感受和她之前说起"他"的行为时的所有感受一样多彩和感人。强调以她自己为中心的做法，立刻将她从亡父的负累中释放了出来。她能否保持这种自由，我不得而知,但至少在这一天中,她的心智是开放的,她可以体验自己可以做自己人生主人的这种可能性。

  人们常常荒废了自己的作者身份。他们不认为体验自己的生活跟浪漫小说或流行肥皂剧中的人物体验他们自己的人生同等重要。相反,他们把"有趣的体验"的标准设得很高,这就像用大孔的渔网提取生命之水,未曾触及许多体验,就让它溜走了。他们可能认为口齿伶俐是吸引他人的必要条件,或者他们认为自己不得不和蔼、性感或出名。如果他们的唇型不好看,举止安静,说少数族群的方言,或者政治态度幼稚,他们就会期望躲得远远的。他们还会将注意力从自认为无法掌控的那些事情上挪开,避免可能激怒、引诱、迷惑或者吓到自己的那些事情。作为读者,体验戏剧场景要容易得多,因为小说中的故事通常都简单化了,可以安全地体验,而且有清晰的开头和结局。只是偶尔会有读者借助这些戏剧场景觉察到,只要把这些小说中的人物稍微做一些个性化的改变,就会成为他们自己。他们也是自己人生的主角,而不再是躲在小说背后的偷窥者。

  充实并贯穿于日常生活的那些简单事情,往往会逃过人们的注意。例如,一个人问我,最近在做哪些有意思的事情。尽管我明白他想知道的是一些重大事情,但我还是告诉他,我那天早上穿过房间去倒杯水让我多么享受。我感受着松软

第一章
每个人的一生都是值得一读的小说

的鞋子踩在木地板上的感觉,我穿过起居室时看着从窗外映入眼帘的风景,改变一下工作节奏,以及感受一口一口饮下那杯水的愉悦——这一切,在那个当下,比我所做的任何事都意义重大。他微笑着,一脸困惑,认为我只是不愿意回答他的提问才这么说。也许我应该告诉他,去拿一杯水的体验与其他日常生活的体验一样,都是在为应对人生中那些紧张时刻做准备。

对日常生活体验保持机敏的感觉,为特别的戏剧场景创造了背景。如果你能够欣赏一种熟悉声音的音质,或者感知一架直升机低空掠过房子时的神秘,或者理解话说了一半想打喷嚏的急迫感,又或者在打开一封信时有些预感,你就会收获一连串的体验。这些体验赋予明智、美好、冒险、深远的种种体验以连续性。在此连续性中,这些体验都很重要。游乐园中的一次骑行,一份特别的礼物,与朋友共度的一个夜晚,在学校拿到一个奖,搏击中的一次失败,从一次约会中起身时的沮丧——所有这一切都会帮助我们获得存在感的碎片,这些碎片正是已知人生中的记号。我们的一生中有着数以亿万计这样的体验,单独把这些体验中的每个拿出来看,都是可以忽略的,它们就像点燃一件事高潮部分的一个个火花塞。但是,人们似乎更把那些高潮当回事。在意识中过分忽略这类基本体验的那些人,可能变得过于活跃,总在寻找其他足够富有成效的体验，以填补通常不知不觉中已经失去的那些东西。另一些人则反其道而行之，他们退缩到了由死气沉沉、焦躁不安的生活堆积而成的隔离层中。一方面，过度活跃；另一方面，死气沉沉。这两种情况都是跳过和遗漏体验的后果。

变平凡为非凡

在平凡的背景中，非凡在等待着一股力量将自己释放出来

变平凡为非凡，是人生中反复出现并引人注目的众多主题之一。在平凡的背景中，非凡在等待着一股鼓舞人心的力量将自己释放出来。细想一下小说《腥红色的繁笺花》中那个化装成纨绔贵族的勇于冒险的拯救者，童话《豌豆公主》中那个通过感觉到很多层被褥下一颗豌豆证明自己其实是个公主的洗碗女佣，童话《皇帝的夜莺》中唱歌比镶满珠宝的机械鸟更动听的长相平平的棕色夜莺，它用歌声救了中国皇帝的命，还有变成了超人的克拉克·肯特。所有这些，无不是平凡人想脱离平凡的外表并展现独特、精彩的人物形象的例子。

对于戏剧而言，反差不必如此显著也能让人看得出来。不过，如果反差小一些，而且从平凡到非凡的转化更轻易完

第一章
每个人的一生都是值得一读的小说

成,就需要更精细的敏感性,如此,人们才能觉察到它。像维梅尔这样的艺术家,就专门指导人们提升这种敏感性。她通过让人们去寻找简简单单的居家生活中不寻常的优雅,而不是明显特殊的重大事情,来做到这一点。将注意力移向自己的家庭,我们可以通过抚平床单、修修补补、取报纸、倒杯咖啡、从干衣机里拿出暖和的衣服,记下自己生活中这些温暖熟悉的感觉。或者,在外面,我们可以通过眼神向一位穿过繁忙街道的长者或玩着花样自行车的小伙子致意。这些体验为我们关注当下的一个个瞬间提供了支持和灵感,还给了我们一种连续感,而这种连续感存在于人生中更容易辨识的大起大落中,例如坠入爱河或大病初愈时。

在各类艺术家中,小说家刻画被许多人从意识中忽略的这些体验是最杰出的。在《嘉莉妹妹》一书的开头几行,西奥多·德莱塞描述了在家中生活与离家生活之间转换的那个一去不复返的时刻。他通过描绘寻常事物,构筑了这个时刻——一种情感的起伏,一种过去的滋味,以及失去种种关系的一丝迹象。他将简单的认知和重大的预期相结合,使这个时刻更触动人心。如果不是德莱塞提供了生动地描述这些简单体验的技巧,人们可能就会轻描淡写地用一句话说"嘉洛林·米贝第一次离开家去了芝加哥"就完事了。德莱塞在描述这件事时,其内涵却更加丰富。

当嘉洛林·米贝登上下午开往芝加哥的火车时，她的全部行装包括一个小箱子、一个廉价的仿鳄鱼皮挎包、一小纸盒午餐和装着她车票的一个黄皮弹簧钱包，钱包里装着一张写着她姐姐在凡·布仑街地址的小纸条和四元钱。那是1889年8月。她才十八岁，聪明、胆怯，由于无知和年轻，充满着种种幻想。尽管她在离家时依依不舍，家乡可没有什么好处让她难以割舍。母亲和她吻别时，她不禁热泪盈眶。火车咔嚓咔嚓驶过她的父亲上白班的面粉厂时，她喉咙又一阵哽咽。而当她熟悉的绿色村庄在车窗外向后退去时，她发出了一声叹息。不过，把她和故乡与少女时代联系在一起的那一缕缕细丝，却永久地割断了。

　　在这段文字中，发生的每一件事都有重大的意义，每个细节都构成了一幅场景，让我们能够理解并让那个瞬间停住。包含在一连串词语中的每个细节，都恰如其分地把我们引向"永久地割断"联系的那些高潮感觉。那一刻，细节已经彰显了一次伟大历险之旅的意义。

　　对于试图点燃一个人一生中种种体验的心理治疗师来说，

第一章
每个人的一生都是值得一读的小说

每次咨询中发生的每件事，都有类似的潜在可能性。与小说中每个素材都经过了精心挑选不同，治疗中许多语言、感觉、动作及期待，都是多余和不必要的。然而，治疗师会用和小说家一样富有创意的挑选步骤突出重点，让充满戏剧性的体验不断涌现出来。

有个叫吉恩的女人告诉我，她无意中注意到，她打电话回家时，是她的父亲接的电话，而他却立即把电话给了她母亲。这个意外的小细节，确实像一盏探照灯，照亮了她人生中影响重大的那些元素。在日常对话中，人们往往容易在不知不觉中一语带过这类内容。当她说起此事时，她唇上的细纹也会被忽视，甚至包括那些模糊的期待。当这个细小的意外事情被详细描述出来时，它清楚地说明，这个女人感到自己长这么大，父亲就没有喜欢过她，她的父亲一向在抛弃她。尽管她总是宽宏大量地将父亲的粗鲁解释成天性愚钝，但她还是感觉到了种种隔离，她在他那个成人的世界不受欢迎。与"我一定有什么地方做得不对劲"的信念完全不一致的是，一方面她看到当大学教授的父亲好像是个与家人完全隔绝、冥顽不化的白痴，另一方面，她又忍受着他对她的评价。

实际上，吉恩是个非常漂亮的女人，有她这么个女儿，大多数父亲应该觉得是种福气。基于她的说法，而且我也不相信有谁会怠慢她，我猜她的父亲是太爱她了，而不是不怎么爱她，只是不知如何表现出来罢了。他的情感是否比较开放，足以引起别人注意呢？是否因为他的职业而造成了彼此的距离感？他是否感到太尴尬？爱是否让他觉得自己像个娘娘腔？无论是她还是他，可能从来不曾了解这些问题的答案。她可以做的是鼓起一点点信心，帮助父亲把对她的认可讲出来。她果然这么做了，温柔地鼓励他拿着电话和她通话久一点。

由于一直以来觉得不配与父亲拥有更好的关系，她可能已经贸然阻断了发生改变的可能性。一旦吉恩认识到了这一点，就会从被抛弃者自如地变成引导者。她可以积极地带动父亲接纳她，而不是为他找各种愚蠢的借口。很快她就能够延长他们对话的时间并提升对话的质量。他毕竟不是石头，而她彻底变得不再那么容易被打发了。她开始和他有了史无前例的对话，后来，无须任何人敦促，他从很远的家去她那儿看了她。一旦她的思想向他打开，她也就超越他，在成人世界找到了一份新的欢迎。她在工作中的影响力增强了，她与一个男人坠入爱河，这个男人在她30年的人生中第一次给了她爱之体验。当她和这个人结婚时，很不幸她的父亲又回到了自己的固有模式，他没有来参加婚礼。然而，他的缺席已经不再让她有虚弱感，而只是感到有点遗憾罢了。

第一章
每个人的一生都是值得一读的小说

体验的夸张

小事也会对一个人造成冲击

作为典型的治疗方式,在辨识有价值的人类体验方面,小说比诗歌、戏剧、音乐或雕塑更贴近我们现实生活的范畴。小说包含的时间跨度和地点的多样性,比其他艺术形式能呈现的,具有更广阔的范围。福楼拜说,每个人的一生都是值得一读的小说,这足以证明储备大量的故事,就可以写成小说家的作品。

小说家从这些储备中自由地挑选素材。通过不断变换重点、情感强度及掌握时机,他们笔下的人物可以是任何人。他们将这些人物放到各种形式的困境中,有时候是他们引导着,有时候他们又只能眼睁睁地看着这些人物演绎他们自己的人生轨迹。他们会将阳光下的一切内容纳入创作中。对此,亨利·詹姆斯有很好的描写,他在向奥诺雷·德·巴尔扎克的作品致敬时说了这样一段话:

> 他笔下光鲜的主人公都是传奇人物,而且不仅仅是一些圣人,更多的是上不了台面的社会底层人物和罪犯……他看到的人物会立即呈现出他们所有的特征。他们具备的内在与外在的种种标志和特征、

每个优点和缺点、每一项长处和短处、每个爱好和习惯，他们嗓音的音色，他们的眼睛流露出的表情，他们的面容和肢体的小动作、他们衣服上的纽扣、他们盘子里的食物、他们兜里的钱、他们房子里的家具及他们心中的秘密。这一切使他感兴趣，让他关注并支配着自己。对于一幅幅画面来说，这些具有重大的意义、关联性和价值。

运用不同寻常的敏锐的感受去体验生活中的"蛛丝马迹"，是小说家和治疗师最基本的任务。然而，对于治疗师和小说家的工作对象而言，这种精细的感受始终存在着挑战，因为敏感性要求我们从各种丰富的存在中做正确选择。举个例子，米兰·昆德拉在他的《不能承受的生命之轻》一书中，对托马斯有大量的描写。他是个外科医生，但昆德拉决定不具体描写他的外科医生工作。此外，昆德拉确保了托马斯与其一位老朋友的偶遇具有某种关联性，虽然刚开始这种关联性并不明显，但后来慢慢变得明显了。小说家描绘的这种宏大景象，必须包含紧凑的系统关联性，在整个宏大的画面中，每个细节都非常重要。

对于治疗来说也是如此，甚至可能有过之而无不及。例如，在咨询室中，漫无目的闲聊的现象，很遗憾非常罕见，

第一章
每个人的一生都是值得一读的小说

而客人和他的朋友坐在一起闲聊的现象也不会出现。部分原因是时间有限制，另一部分原因是目标有差距——注意力都会放在看起来能迅速切中要害并带来好转的那些事情上，似乎聊不是很切题的事，通常就被看成是回避策略和对无能的容忍。因此，许多可能非常有意思的事情，或许从来不会被提及，也可能提及的是热爱歌剧或其他特别的爱好。在处理相关性时，治疗师和小说家都需要面对危险，过于技术性地限定谈话涉及的范围，反而会导致他们歪曲地呈现一个真实的人。

尽管我们在日常生活中很少认真考虑这些，但这个筛选的过程是不可避免地存在的。我们并不期望发生的每件事情都集合在一起，我们甚至没有注意大街上许多人与我们擦肩而过，某人三天前说过什么也可能已经变得模糊不清。人们通常很乐意接受这类忽略，因为这类忽略将每天要操心的一大堆事削减成一些可处理和管控的事情。实际上，许多发生的事情，就像我们从大脑中掠过的一丝兴趣，并不值得我们特别留意。想辞掉工作的一时冲动、一闪而过的怒气，甚至想自杀的一个念头，大多数人生活中的这些小问题，如果使用治疗和小说中常用的方法给予特别夸张的关注，就可能对一个人的意识造成冲击。黛安·约翰逊在《纽约时报》书评栏目中评论波丽·隆华斯的《奥斯汀和梅布尔》时，对这种自我膨胀的危害做了恰如其分的解说：

梅布尔·托德有那个时代小说中的坏女人具有的所有特性——一个以自我为中心、惹是生非的荡妇，鄙视家务活，太乐意展现自己似乎拥有的无数真正才华——音乐、戏剧、文学、艺术……假如她出现在过去的小说中，我们可以预见梅布尔肯定会遭到羞辱并痛苦地死去。由于她出现在这部小说中，她只是不得不忍受一点点八卦和非难，而这些并不是来自每个人，很大程度上她有她的粉丝。

神经官能症经常会令人夸大一件事的重要特征。一次体罚并不能说明一个人是魔鬼，一次考试失败也不意味着一个人是笨蛋，一次约会上的一个微笑也并不能确保是亲密的意思。"生活会继续"是一种简单的说教，以平衡对各种事情的注意力。尽管这种说法有时可能让人惆怅，但它终归还是可以让过度反应平和些。有时，小说家可能为了表现生活确实会继续，将笔下一个人物写成反社会却依然逃过了惩罚。但是小说中浓缩的那个世界，经常包含着尚未揭示的教训、尚未创造的象征、尚未制作的娱乐节目和尚未完成的悲剧。由于有很多内容会被省略，仅仅把可以

第一章
每个人的一生都是值得一读的小说

写出来的寥寥无几的内容写出来，至少也可成为一部确定的作品，被作者赋予特别的意义，如果写得成功，还会被读者赋予特别的意义。

治疗师和小说家都会从现实生活中发生的所有事情中选择一些小事情并把它放大，他们不仅根据事情的缘由选择每件事，还会考虑该事情在一个放大了的视角下的意义。在参与这些艺术化的夸张时，我们必须牢记，在日常生活中，事情并不会像这样恰到好处地运行。遇上老朋友、出门去便利店、丢了汽车钥匙及忘了预约，这样的小事也许会、也许不会从头到尾闪过普通人的意识。但在专业的小说家或心理治疗师的手中，这类事情中的任何一件都可能会是一个引人入胜的故事或成功治疗的焦点。每件事都很重要——在日常生活中不存在这种可能。

由于判定体验重要与否是件非常主观的事，因此每个人都有可能面临自我膨胀带来的挑战。为了说明这种挑战，我们假设有个四十五岁的男人与十九岁的女人产生了他一生中前所未有的性体验，于是他展开了一段全新的人生。如今，他穿上了紧身牛仔裤而不再穿西装、打领带，他醉心于最新的流行音乐而对自己的老朋友不再感兴趣。他离开了他的妻子，想过一种无拘无束的生活，而且他还辞了工作去干更独立的自由职业，例如顾问等。根据这些最基本的描述来判断，我们可能会说这个男人正在因一次短暂、美妙的越轨行为而膨胀。这对于那些思维混乱的疯子来说是很平常的行为。如果这个男人确实任由这种体验过度发展到不相称的地步，那他很快就会受到冷遇。

如果这个人是小说家笔下的人物或心理治疗师的患者，那么小说家可能有必要搞明白如何将这种险峻的变化融入一个人的人生，兼顾过去与未来。这正是精彩的戏剧与单纯的夸张的不同之处。我们可以预见到，有些线索意味着改变——兼具惊喜与冒险的梦想、一种急于挣脱一辈子所受束缚的感觉、一种对他可以完成这个改变的支持性信念、一个赌上他的一生去拯救他自己于俗世的愿望。这些线索可能会、也可能不会很快显现，因为一个人大脑的运转是看不见的。由于人类动机存在多样性，要想分辨出戏剧中的夸张成分，必须敏感地理解一种体验所处的情境。

无论是由于缺乏敏感性还是缺乏机会以获得必要的洞察力，人们常常会根据习惯做判断。根据大多数人的标准，他这种四十五岁时的重生，正在过度夸大自己的性体验。大多数人会认为，不要将之前看起来可靠的那些事情太当回事儿，不要陡然改变自己的生活。在这个男人所处的这种情况下，根据习惯做的判断可能非常正确。如果真是这样，那他就有麻烦了。如果他的动机是真正做一些巨大的改变，那么这个

第一章
每个人的一生都是值得一读的小说

习惯性判断可能是错误的。一个不被大家看好的不确定的未来，在召唤这个男人。值得安慰的是，如果他不犯什么鲁莽的错误，也许可以从这段坎坷的经历中受益。从中吸取的教训，变成了"至少综合征"的一部分：至少他可以学会在痛苦面前忍耐；至少他可以体验到"果断去做"的精神；至少他可以知道一次自作自受的激进改变带来的持续后果；至少他可能看到某个颠覆性的想法有多滑稽可笑。唉，悲哀的是如果一开始正确处理这事就好了。

有个例子很好地说明了什么是正确处理，那就是作家莫琳·霍华德的父亲。她在描述她的父亲离家出走时的夸张表现时，说明了毫不着调与讨人喜欢的特性之间只是一线之隔。她的父亲总是把他自己很平常的出门夸张地表现为重大的离家出走事件。他意识到，他是在以他自己的风格对着崇拜自己的观众表演平常的小事。他总是拿离家出走这件事编故事。同时，他会暗示外面世界的神秘莫测。他在每一次离开时都含蓄地营造了悬念。他会强调他对他的孩子们及孩子们对他的重要性。他像个演员一样向他们表演他的作品，暗示作品的样子。他让他们非常高兴。下面是一段霍华德对她的父亲的描写：

我的父亲，一个壮志未酬的演员，有一套神奇的、现代说书艺术最精华的动作——堪比博尔赫斯或贝克特,尽管他自己从来没有这么认为过。当他要出门上某个地方时,他会表演自己准备如何离开。他穿着外套戴着帽子站在门口说:"我要走了,但我走之前有话想说。"然后话语中带着字斟句酌的庄重、恐怖的寂静、骄傲自大和温存——"我要走了……"他摘下帽子,解开大衣扣子,似乎在重新考虑要不要走,然后又满怀决心、精神饱满、积极乐观、无所畏惧地说,"我要走了……"

接下来什么也没有发生。既无情节也无意义。他费尽心机讲出来又咽回去的几句没头没脑的话中隐含的一切,尽在表演中。我猜这一切彻底震撼了我,而且令我很不满足。要解释我为什么会成为一位作家,那就是我想紧紧抓住观众的心,就像他牢牢抓住餐桌旁的我们一样,与此同时,又似乎有话要说。实际上,他几乎什么都不会说,还会让自己的把戏戛然而止。

父亲的习惯用语,霍华德无法忘怀。尽管他总是顾及孩子们,为了自己和孩子们而精心编造把戏,使这些话语似乎已经取得了有效的平衡,但仍然不失夸张。他总是将"离开"

第一章
每个人的一生都是值得一读的小说

这件事放大,不仅娱乐了大家,也让霍华德沉迷其中,促使她以作家的身份,继续去做"演员"父亲暗示的事。

另一些主题更普遍地满足了人们对夸张的需求。骇人听闻的谋杀或离婚审判、名人的恋爱、政府的腐败、勇敢的救援、让人难以置信的财富——所有这些都是一定会引起广泛关注的放大器。然而,虽然有权势的官员的腐败可能是广大民众关注的公众事件,但对于任何人来说,这种事还不如自己在结账柜台收到多找的五块钱更具有戏剧性。对于购物者来说,在诚实还是不诚实,或者同情店员还是开心地拿钱走掉之间做选择的时刻,才是当下的情感剧本。

个人体验有着超越更重大事情的力量。对每个人来说,朋友离婚纠纷的根本原因、亲戚的伤心经历、邻居在经受了许多挫折后终于从大学毕业的欢欣,这些才是要紧的。而各类艺术,通过使平凡的事情出彩,以制造夸张的效果,会让人们不仅向影响巨大的事情敞开心扉,而且最终会对他们自己的认知、连续性及所处的情境保持开放的心灵。

痛苦与戏剧之间的节奏

一个人死了儿子,在小说中是戏剧性的,但在现实生活中却是一种创伤。面对痛苦,正承受痛苦的人根本不会注意到最终会带给事物影响、意义、平衡或启发的其他实际情况。对于深陷痛苦的那些人来说,痛苦本身才是最重要的。在痛苦周围形成的象征性的"凸起",可以确保眼下无法消解的这种体验获得所有关注。这种凸起,通过确保受到关注,成为痛苦体验与其他体验之间的障碍。试图恢复客观判断力的那些人,只会匆忙地去修复二者之间的关系,这是徒劳的。解决问题需要依靠一系列体验的逐步演进,所有体验都是为了让我们从痛苦事情的束缚中摆脱出来。

只有从痛苦中吸取教训之后,悲剧内在的戏剧性才可能被尊重。换句话说,无论是当下还是记忆中的痛苦事情,一旦它被还原为我们内在的一部分,就形成了产生戏剧性的条件。事情突显了一种尽管让人有损伤却依然有效的存在。这种对存在感的确认,是由一种极度收窄的注意力打造出来的,是戏剧性的核心。从这个核心出发,一个人将视野扩展到超越想抵消痛苦的期望之外,通过再一次看到重要事物的实际范围淡化这种期望。

在琳恩·莎伦·舒瓦茨的小说《场域中的干扰》中,丽

第一章
每个人的一生都是值得一读的小说

丽迪娅有四个出色的孩子。这些孩子们生气勃勃的思维和儿童色彩,让他们自己感觉接触到的一切都很新鲜。当故事发展到她最小的两个孩子在一场车祸中丧生时,他们已经是读者的密友了。丽迪娅沉浸在悲痛中。这种打击对读者来说也很巨大,读者通过代入这个家庭,成了他们巨大悲伤的亲历者。不过,这两个孩子仍然只是丽迪娅的,而不是读者的。保持这种程度的距离,足以防止极度的痛苦,又不会因太远而妨碍了浓浓的悲伤,有助于读者体验比丽迪娅能触及的范围更广的人生。例如,读者知道,丽迪娅还有两个了不起的孩子,上天赐予了他们音乐天赋,她还有个卓越非凡的丈夫,还有非常友爱的朋友。尽管这一切对丽迪娅也很重要,但并不能消除她的痛苦。在她的伤痛中,几乎没有客观地判断的余地。如果这两个孩子是读者的,读者也会和她一样。但从读者所处的位置可以看到解决问题的希望。尽管如此,在为丽迪娅加油的时候,读者并没有把握她最终能否从伤痛中走出来。有可能她的伤痛会永久性地蒙蔽她,直到她的伤痛发展到无药可救的地步。对读者而言,这个悬念在层层叠加。与此同时,对丽迪娅而言,希望、悬念和解决方法统统都是废话。在她能够达到读者的视角之前,她心里只有痛苦是重要的。

根据韦氏词典,"戏剧"这个词源自希腊语"动作"或"表演"。对于在痛苦中的人来说,一些必要的行为有助于修复思维和消除痛苦。这些行为非常多样,包括一些常见的行为,例如哭泣、发抖、说话、讲故事、悲叹、回去工作、喝热托地酒、出去长时间散步,或者欣赏还在那儿等着被别人欣赏的那些人。心理治疗师非常清楚个体是个"充电—放电"的有机体,而且一个人要想让自己保持最新的状态,必须释放出积存的能量,必须打通似乎由不可逆转的事情或不可改变的自我形象产生的瓶颈。有时候突破来得很突然,就像用手术刀切破脓包。一般情况下,这种释放是渐进的过程,每个片段都对整个复原有贡献。我们说,时间可以治愈一切创伤,这就意味着,一个人在很自然地行动的过程中,意识功能会一遍又一遍不停地记录,而他仍然完好无损并拥有受伤之前的身份的基本元素。当一个人正常的意识流过自我意识的管道时,丧失之痛、羞耻之痛、失败之痛就被抹去了。

无论复原是快速还是渐进发生的,所有的解决方案通常有某种共同的行动方式,这种行动会抛弃陷入困境的看法,代之以有新可能性的感觉与行为。在与米奇库·卡库塔尼的一次会面中,演员德里克·雅各比说过,表演是个机会,"它会让所有发生在你身上及你生活中的悲伤和凄惨的事高贵起来……你可以将原本有害的情绪转化成非常舒缓的情绪。例如,几年前我母亲的去世对我是个巨大的打击。但渐渐地……在我内心,这不再有害。这是一个净化的过程。"在治

第一章
每个人的一生都是值得一读的小说

疗中也是如此。进入让人不安的感觉中，会为赶走这些感觉而不是沉溺在停滞的自我形象中创造机会。

叙述的动作用在了冲淡丹尼尔的痛苦上。丹尼尔是一个治疗小组的成员，三十岁。他深情、聪明、迷人，但正在为一段让他沮丧的恋爱关系而痛苦。在这段关系中，他感到自己呆头呆脑、笨嘴拙舌、自私且无礼。在他的悲惨境遇中，他断定自己会成为讨厌鬼，而且坚称自己一直就是个讨厌鬼。由于痛苦磨灭了矛盾，他只能注意到会证实他讨厌之处的那些东西。我决定让他在这一点上继续深入，并让他列出更多他自己的讨厌之处。于是，他回想起自己在青春期的时候，从来不知道如何跟别人说话。他跟我们讲了那段日子中一些不开心的逸事，就像他曾经在青春期挑粉刺一样，他在智力上挑剔自己。

在他的许多故事中，有一个是关于在高中跳舞的，由于他的幼稚，他让自己爱慕的女孩子丢脸了。这段记忆击中了他的一条特别的神经，他开始放声大哭。大哭只是在进一步证明他的讨厌。在外人听起来，这个故事只不过是青春期窝囊、扭曲的喜剧中一个动人的音符，我们每个人都很熟悉。看到丹尼尔还在哭，我指出，尽管他断定自己的行为让人讨厌，但他仅仅是在哭，是一个拼写为"c-r-y-i-n-g"的行为。这种冷嘲式的提醒似乎打开了一个不同的开关，使他急忙开始讲述青春期一些一点儿也不讨厌的新故事。让他惊讶的是，他想起了自己机智地战胜一个曾欺负过他的人的往事。因为他曾与这个人的前女友约会，这个人想抓住他，但没有成功。讲出这个故事后不久，丹尼尔大笑起来，而且继续讲述了自己高中生活中的其他往事，这些事都很成功，有趣而温暖。

丹尼尔艰难地度过了青春期，一段特别折磨人的时光。但他将自己如此紧紧包裹在他"讨厌鬼"的人格面具里，以致多年来阻碍了他讲述自己的人生故事。他一有机会就会回到他"讨厌鬼"的自我形象，带着这样的顽固和挑剔评判自己，无路可逃。他正式承担了"讨厌鬼"这个角色。当他的这个标签被讲故事和放声大哭的动作取代后，像惯常的那样，新体验出现了。随着悬念、判断和解脱——这些戏剧的重要元素出现，丹尼尔能够和小组其他成员一起庆祝自己战胜了早期的难堪。此后不久，尽管戏剧并没有要求他这样做，丹尼尔还是结束了让自己沮丧的恋爱关系，不再自我摧残，而且开始了丰盛且更美好的新关系。

假如丹尼尔读过《麦田里的守望者》，他会很容易意识到并同情青春期时努力适应新出现的复杂状态过程中的挣扎，这些复杂的状态使他很难知道自己在想什么，很难说出自己想说的话。借助于戏剧，塞林格帮忙把大家仅仅隐约知道的

第一章
每个人的一生都是值得一读的小说

事情讲明了。如果丹尼尔读了《麦田里的守望者》，他就会发觉霍尔顿·考尔菲德并不是讨厌鬼，即使他生活中的某些人会这么认为。

治疗师就像小说家，培养了被亨利·詹姆斯称作"想象的盛宴"的能力，即饱含热情地发现有待被发现的那些存在，赋予被掩盖或不连贯的事物以方向感和兴奋感，让患者感到自己正走向某个地方。简单的觉察指引着探索的方向。僵硬的上嘴唇、细微的惊恐表情、紧绷的下巴与恳求的眼神之间的矛盾，都是戏剧化人生体验的引子。看着听着，一个人也可以构想出恃强凌弱的人、江湖骗子、小妹妹、固执的顽童、浪荡子弟、交通警察、舞者、失去的爱人及落难的王子。跟小说家一样，通过对一个人的人生进行这样的角色分配，治疗师的全部技艺会通过释放所有的辛酸、悲伤、沮丧、苦恼、甜蜜、爱、狂怒——这一切皆属于对一个人的体验的确认——释放出来，以表达对未能实现的自我的尊重。

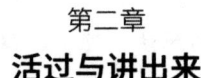

第二章
活过与讲出来

描述是与平凡的大脑日常运作最接近的艺术。人们通过一连串的想法、冲突、隐喻和寓意，找到自己人生的意义。人们在描述的自信中思考和判断：任何年纪的人都能够权威地讲出自己的人生故事。每个人始终在创作。我们每个人的体验都是自己内在的持续描述。

　　　　——E. L. 多克特罗《我们召唤的激情》

　　故事的原始素材总是在不断地产生。一个人一生的每一刻都会面对无数事情。相对于这个丰富的宝藏来说，呈现的故事只是冰山一角。大多数事情跟树叶在草地上沙沙作响的声音和窗外的鸟鸣声一样，不会引起人们格外注意。另一些更有影响力地根植在记忆中的事情，可能无意间会受到关注，例如被忘却的耻辱带来的持续愤恨。很显然，大脑坚决将生

第二章
活过与讲出来

活中发生的大部分事情从意识中赶出去之后，只有一点点体验会残存下来。以故事形式保留下来的那些事情，自然变得非常宝贵，而且支撑着一种持久的现实，将经过挑选的个人体验的残存部分连接起来。没有这种连接，剩下的就只有对现实微弱的感觉，以及没有注意到的被隔离的脉冲。

让·保罗·萨特认为，故事是给所有人的富有意义和冒险精神的非凡礼物。然而，正如萨特所赋予的那样，他也通过自己对破坏持久现实感的矛盾的悲观看法而得到启发。通过他的小说《恶心》中的主要人物，他说："你过日子时什么也没有发生。景色在变，人们进进出出，就是这样……日复一日，莫名其妙，只是一个没完没了、单调乏味的叠加过程。"对于萨特笔下的人物而言，这种虚无状态实际上是内心有把这些事情讲出来的需求，他甚至认为"要想将最平庸的事情变成冒险，你必须（这也足以）开始详细地讲述"。他继续增强看起来让人绝望的矛盾："但你不得不选择：活过，还是讲出来。"这意味着如果你只是"活过"，那么没什么是真正存在的：一方面，短暂的体验就是胡扯，几乎不值得去留意；另一方面，如果你把它讲出来，在这个过程中，它就能够变成一种生机勃勃、充满刺激的体验。不过，你一旦开始这样做，活过这种存在就终结了。随之而来的就只有要讲出来的事！

自相矛盾在人类的生活中并不陌生，况且它并不会比其他的事给人增加或减少一分烦恼。通过辨识生活中未讲出来也未经加工与已经讲出来并明确了的矛盾，萨特指出了"讲故事"不同寻常的重要性。正常情况下，讲故事适合于更轻松愉快的地方。尽管如此，在生活中，度过某种痛苦并将它讲出来非常困难，不过我们还是可以利用非凡的整合技巧淡化这种排他性。从至关重要地协调我们大脑左右半球迥然不同的功能，到一边拍某人的头一边摸他的肚子的无聊把戏，这种思维的灵活性随处可见。这种灵活性同样适用于协调活过与讲出来，它存在于萨特笔下主人公的矛盾中，也是我们所有人每天都在使用的一种技巧。

当然，有些人比其他人更擅长一些。有些人犯傻似的把讲述当成了事情本身，一遍又一遍地讲，仿佛翻来覆去地讲可以修复往事。有些人则在自己应该进行对话交流时，才把自己的故事讲出来。

有些人会歪曲实际发生的那些事情。有些人讲的故事完全是简单经历中的非常发挥，而另一些人讲最复杂的故事也只是如和尚念经般嘟嘟囔囔，连故事中的标点符号都得靠听者自己想象，有些人则担心讲述让自己感到害怕的那些故事会让自己看起来很糟糕。

尽管有这种个人化的复杂性存在，人们还是普遍存在想讲出来的强烈冲动。在试图连接"活过"和"讲出来"的吸

第二章
活过与讲出来

引力和挫败感方面,没有人比豪尔赫·路易斯·博尔赫斯描写得更好了。他高度评价了"重现"的忠实性,为此他还写了一首与之相关的让人难忘的诗。在他的诗中,他想到一只老虎,称其为"另一只老虎",老虎实际上住在丛林里——它行进时留下的踪迹,它嗅鹿留下的气味时的状态,它身上的条纹、抖动的皮肤和它的致命性。在描写老虎时,他"变戏法"般呈现了现实中真老虎的弱化。他希望通过自己的语言将这种梦想变成一种存在,但是他知道自己面临的是徒劳。不管怎么说,一种不屈不挠的需求驱使他去找出第三只老虎——活在他梦中的那只老虎。他说:

> 让我们找寻第三只老虎。
> 这只老虎像其他的老虎一样,
> 将出现在我的梦中,
> 是一种人类语言的系统和排列,
> 而不是脊梁之虎。
> 任何神话皆不可触及这只虎,
> 它以脚步丈量大地。
> 我知道这一切,
> 但某种东西将我驱向这个古老与神秘的冒险之旅,
> 虽然很不合理,

> 但我仍在继续寻找。
> 整个下午都在找另一只老虎,
> 那只并不在这首诗中的老虎。

大多数讲故事的人比博尔赫斯更容易满足,尽管大家都是在努力重新创造现实,重新构建在另一个时空已经存在的事物。幸运的是,对于不像伟大作家那么有才华的人而言,亲密的对话并不需要我们掌握他们那样讲故事的技巧。亲眼看见讲述者本人、提前建立起来的听众的兴趣、当场即时的回应——所有这些结合在一起,会让故事更充实。

通过亲密的关系,我会被我女儿描述的她在墨西哥的经历感动,就像会被细腻的小说家感动一样。然而,每个再现现实的人,必须面对博尔赫斯的挑战,或多或少地把已经发生的事情引入新生活。这并非制造复印件,而是让原始体验的某些方面复苏。

在许多故事中,这种复苏都处理得很糟糕。人们不提秘密。他们将自己保护起来,不表露软弱、傲慢、愚蠢及真实报告中所有其他可恶的特征。此外,讲者与听者之间接触的质量也许很差,除非讲述考虑到了及时性、新鲜度、相关性、感觉和可靠性。假如这些故事绕过任何一个参与者当下关注的事情——例如,当别人关心一个朋友的疾病时,你却在讲

第二章
活过与讲出来

最近的一次争论——显然，最终会引发恼怒、厌烦、无效、无兴趣等类似的麻烦结果。如果讲故事的人将看起来没完没了的那些琐碎体验连起来讲，也会使听者哈欠连天。如果讲这些故事仅仅是单向的，而不是有来有往的互动，它们也会使听者左耳进右耳出。如果这些故事很顽固和愚蠢，翻来覆去诉说着相同的抱怨，听者可能就会冷冷地盼着快点结束。仅仅因为故事是自然形成的，并不容易被人们接受。

对话式故事
讲者知道了完全属于自己的人生

尽管各种各样讲故事的方式广为传播，至少包括如小说、历史、音乐、政治演讲及体育播报等形式，但讲故事最活跃的方式是平常的对话。当某人问了诸如"最近你在做什么"这样一个简单的问题时，就是在请你讲故事。当你说"这么多年后，我第一次遇见了保罗。他在超市里，我们下周二会一起吃午饭"，你正是以一个基本的故事回应他。这也许已经是问者想知道和说者想说的一切了。然而，大多数人想在自己的故事中加入更多的事情。在这个简单的叙述中，已经有了些许迹象，串连出了一条有趣的故事线。听上去保罗像个让人捉摸不透的人物，让人遥不可及，却可能仍然与所交谈的人的生活有关联，他可能会对你们在超市相遇感到惊讶。保罗消失了很多年的神秘感，与平凡的超市结合在了一起。而一起吃饭、聊天的安排，有些让人兴奋。也许一段旧有的亲密关系会恢复。还有什么样的谜底会被揭开呢？保罗可能一直在威斯康星州工作，或者刚从监狱里出来。如果听者认识保罗，就可能是个坏消息，或者预示着新开始，如果预料到了这次相遇没什么特别的结果，那么即将展开的故事将更加让人激动。

无论是否非常吸引人，这已经是个故事了——仅仅因为详细讲述了一次体验。人们相遇、交谈、重续关系、做安排，均被看作在参与过去与未来。把它讲出来，也就提升了相遇的真实程度，一部分原因是谈话促成了把某些东西表现出来，否则这些东西只会留在心底，另一部分原因是见证了一次大多数情况下可能被忽略的相遇，还有一部分原因是通过述说的形式，创造性地生动再现了最近发生的事。此外，通过讲者与听者的连接，讲故事的体验也制造了一种共享的感觉。

有个著名例子充满了故事性的对话，那就是电影《与安德烈晚餐》。整部电影以讲故事为中心，这是电影的全部内容。安德烈是一个剧场的总监，沃利是一位尚未成功的剧作家，他们是老朋友，在失去联系多年后重新相聚。安德烈曾经消失，现在回到了纽约，仿佛起死回生一般。吃晚饭时，

第二章
活过与讲出来

他想将自己的一系列经历讲给沃利听，其中许多经历曾置他于顿悟与发疯的边缘。沃利想听这些故事，刚开始他只是在听，但到后来他也讲了自己的一些故事。

安德烈继续讲了神奇的芬德霍恩之光的故事，这光如此耀眼，以致他陷入了复发性幻觉；他讲了波兰仙境般的森林中复杂的集体故事；他还讲了像长岛和撒哈拉这种迥然不同的地方的灵异事件。电影的大部分内容大肆描绘了他是如何发现了人类的了不起，而沃利被这个人的奇特与智慧迷住了。

随着对话的继续，沃利讲了自己朴素的生活方式。他显然比安德烈更容易地发现了生活的壮美。和安德烈的经历形成反差，沃利的经历似乎不值一提，但唤起了人们对他钟爱的生活方式同样美好的感情。作为对安德烈奇异描述的回应，他说，他只是努力活下来，谋个营生，支付他的房租和账单。他很享受和妻子黛比待在家里读查尔顿·赫斯顿的自传。有时他会参加聚会之类的活动，偶尔也会汇聚自己的小天分写一出戏剧。而且他很享受读其他小剧作。他在笔记本里保留了一份任务和责任清单，他很享受回顾一份履行责任和完成任务的记录清单，然后画个叉将这些项目从清单中去除。这就是他需要的一切，他需要知道生命是有价值的。安德烈的版本更加绚丽，而且用更灵活的描述力来描画，但并不会更有效地形成持续的现实感。

故事疗愈

尽管他们的故事完全不同，安德烈和沃利在确认先前的经历时却分享了共同的特性。一遍又一遍地这么做的必要性，让人想起永恒回归的神话，就像米兰·昆德拉在《不能承受的生命之轻》中描述的那样。和萨特不一样，他说只有通过重现，生活才能呈现出实质。他问，如果"即使成百上千的黑人在非常痛苦的折磨中丧生，世界的宿命里什么也没有改变"，那么两个非洲王国间的一场战争到底是什么？按照昆德拉的说法，转瞬即逝的情境会让所有体验绝对化。他进一步补充道，任何消失的东西都"像一个影子"，而且无论它有多荣耀和美丽，都毫无意义。他又引用了一句德国谚语："……只发生过一次的事，也许根本没有发生过。如果我们只能有一次生命，我们也可能根本从未活过。"

故事可以作为一种首要的手段，来创造昆德拉构想的"重现体验"。它唤醒了人们关注先前的经历，并把它们重新呈现出来，仿佛它们又重新发生了。这些重现工作做得越好，听者就会越逼真地感觉到一个故事赋予先前故事的新生命。也许，正如博尔赫斯建议的，新生活只会是原始生活的一种模糊而失真的再现，但通过讲述，至少还会有一点点认识存在，即使不是全心全意的复原。讲者和听者一起见证了反复出现的存在，尽管很遗憾无法达到不朽的程度，但至少知道了一个完全属于他们自己的人生。

第二章
活过与讲出来

倾听故事

悄然捕捉一个好故事

故事不仅仅是用来讲的，也是用来听的。把内容讲出来所获得的价值在于，听者理解了已经讲出来的内容，以及他知道还没有讲出来而很快将要讲出来的那些内容。尤多拉·韦尔蒂是那些伟大的聆听者之一，他不仅仅是听故事，而且是很留心地听。他说："听故事的孩子们知道故事就要开始了。当他们的长辈坐下来开始讲故事时，孩子们就会等着并期待长辈把故事讲出来，就像等着老鼠从洞里出来。"

聆听式心理治疗师也是在悄然地捕捉一个好故事的迹象，尽管患者经常不肯敞开心扉讲出他们的故事。我有个患者，是位有点儿郁郁寡欢、不理会自己的人生体验的地质学家，平铺直叙地谈论了罗杰——一个比她年轻十岁的焊工。他在追求她，但她对他没有任何兴趣。根据她的评判，他很友善和大方，但并不是很有吸引力，尽管她花了很多时间跟他在一起。由于抑郁的人其意识中往往伴随着无法识别有趣的事物，我想弄明白她是否仅仅是因为没有投入情感，而对罗杰身上的某些特质视而不见。他们悬殊的地位值得注意，他只是个不定期受雇于雇主的焊工，而她是个专家。他也在镇上进进出出，但跟知识文化类的事情毫不沾边，而且他将简单朴素作为自己的生活基调,这与她喜欢内省、有教养的作风完全不符。

当我们进一步探索罗杰的情况时,她告诉我,有一天他独自待在她的家里,当时隔壁的电话响个不停。他最终竟然恼火地冲出去把电话线给剪了。多么奇怪的简单处理!她接着讲到,还有一次,他开车在一个路口等信号灯时被人撞了。当他下车索要肇事司机的姓名和其他信息时,车里那个人启动汽车跑了。罗杰以90英里(约144.84千米)的时速追了那个人一个小时,直到最后这个逃跑的家伙——一个墨西哥新移民,被吓得半死,到了他熟悉的那个小镇地界后才停了下来。简单争执了几句,罗杰就拿到需要的信息离开了——为了微乎其微的收获进行了一通愚蠢的追逐,而且他有幸毫发未损地全身而退。当我的患者在讲这些故事时,这个不寻常的男人在我的脑海中生动起来,在她的脑海中也是如此。也许他并不是博尔赫斯想到的另一只老虎,但也不至于苍白到让人忽略。她不必跟他生活或者爱他,但是,当她认识到他存在的特点时,她就能够抛弃一些她习以为常的淡漠感了。

第二章
活过与讲出来

驾驭难以琢磨的体验

人们想改变自己的生活，却无法确切地指出究竟要改变什么

生活中发生的许多事情通常会飘浮在意识的边缘。例如，简问我是否认为艾格尼斯对她不友好，为了弄清楚此事，她度过了一段艰难的时光。约翰最近似乎更多地谈了他的前妻，但我不知道为什么我会这么认为。瑷嘉莎隐约感觉到这些天自己生活中的音乐多了起来。所有这些具有代表性的模糊意识，充满暗示却并不可靠。假如我们通过讲故事把他们的状况理清楚，细节就会被展开，会为我们提供更多、更清晰的信息。暗示会变成领会，赤裸裸的真相会像做面包用的生面团一样延展，感觉及与这种感觉相关的联想会显露出来。举个例子，诗人因为见到一棵树而感动，而这棵树只是他想表达的内容的轮廓。当说起这棵树时，他可能会说这棵树在召唤他自己去爬上它，或者他想再一次扒下它的皮，或者它的枝丫形状如伞。但是，当人们在漫不经心的状态下看见树时，它就只是棵树而已。对于说起这棵树的那些人而言，它们就意味着更多。

在心理治疗中，我们会特别关注体验的难以表述之处。人们想改变自己的生活却无法确切地指出究竟要改变什么。英格丽就是这样一种人，她在集体治疗中谈到了一种兼

有羞耻、恐惧和自我批评的笼统感受，与引起她感受的一切事物没有任何关联。她只是认为自己"应该同时具备更多特质，变得更有信心、更成功、更有爱和更能被认可"。但她的这种想法并不强烈，无法在此基础上形成真正的愿望。当我逼她清楚地说明她自己到底为什么而感到羞耻时，她迟疑了好一会儿才说，当她不赞同别人的时候，她会发脾气，咬紧牙关，而且变得沉默倔强。她说，这就是让她感到羞耻的地方——她的沉默是不诚实的。突然，她的羞耻感似乎没那么难以表述了，尽管还有待进一步具体化。她接着说，她的母亲总是宣扬要不惜一切代价保持诚实，但是，当英格丽真的这么做的时候，她的母亲又会受不了。当撒谎被认为是不道德的，而真相又不被接受时，英格丽自然就发现自己陷入了两难的境地。于是，这么多年来，她渐渐陷于沉默并忘记了为什么会这样。

我尝试让这个故事充实起来，就建议她与其深陷只会导致自己僵化的关于真相的矛盾中，不如试着说说谎。我向她保证，她只需要在这一刻这么做。她变得非常兴奋，先前的焦虑也缓解了很多，甚至有些狂放起来。她轻描淡写地向小组成员讲了自己度过的非常难熬的一周。在这一周里，她屋里屋外辛苦忙碌，以致她的手指甲开裂了。她"打扫了办公室，给植物浇了水，干了很多活，写了很多报告和信"。

第二章
活过与讲出来

这时候，她仍然沉浸在撒谎的虚假状态中，但她已经开始变得热心一些了。当她突然意识到自己想起了一些自己平时不会提起的真实事情，以及自己为家人做的一切时，她忍不住"咯咯"笑了起来。然后她换了一种状态，继续讲述了一个关于她最近如何在家招待一帮挪威亲戚的真实故事。她自豪地说："我给这些人做饭，招待他们，听他们讲他们遇到的问题、挫折，给他们倒饮料，清空他们脏兮兮的烟灰缸。我跟他们说挪威语，这样他们就会喜欢我，被我逗乐；我拥抱并亲吻他们每个人；我以挪威人的方式打扫了整个房子。我的意思是说，我忙得团团转。然后我把桌子布置得漂漂亮亮，铺上带花边的桌布，摆上鲜花和蜡烛。甚至我让我的叔叔在晚餐前祈祷，这样客人们就会感到宾至如归。我干了件不可思议的事儿……干这件事时，我真的特别兴奋。"

这一刻，她悲伤地发现，在她的家庭里，只有男人才被允许滔滔不绝地讲他们自己的经历，包括一些荒诞不经的故事，而女人被认为就应该伺候他人，而且说话要温和。这个觉醒让她不被重视的感觉更清晰了。到这一刻，她感觉到了自己的重要性，而且她无法忽视自己的家庭赋予自己的角色。从那时起，她的羞耻感轻轻松松消失了。

通过类似的细节呈现和详细描述，日常生活中的故事也可以确切地说明其他难以捉摸的体验。举个例子，我的一个朋友打电话过来,而我正在接另一个长途电话。我想等我打完这个电话再给她打过去,而她只是想知道我们当晚是否可以碰面。我明明知道当晚不行,但我不想那么生硬地告诉她。我也不知道为什么。我跟她很熟,完全不需要讲客套话,但我还是告诉她我一会儿会打给她,而不是直接对她说不行。可是,当我打给她的时候,她的电话又占线了!打了好几次都是这样。于是,我认定她在冷落我,可当我终于给她打通电话时,她又非常热情。后来,当我跟我的太太讲这个故事的经过时,我意识到了自己以前从未意识到的东西。我其实是担心,由于我平时说话不多,可能让人感觉我不那么友好。事实上,我非常友好,而且我的朋友也非常接纳我的安静。讲完这个故事,我更清楚地知道了这一点,而且从此不再受此困扰了。

投身生活
朝着自己承诺更好地去生活的方向努力

　　我们可以利用故事,将我们的生活与他人的生活结合起来。读故事的回报之一是,读者会与故事中的角色同呼吸共命运,找到一个新的多事之家去关心。例如,在读约翰·埃

第二章
活过与讲出来

尔文的小说《盖普眼中的世界》时，我深深地将自己代入了他笔下的人物，以致当盖普一个年幼的儿子在一场因天气原因导致的汽车相撞事故中死去时，我悲伤了好几天才慢慢好起来。这件事让我始料未及，不过我可以接受这种感情投入，尽管这让人很不好受。我的悲伤说明，我对小说中的人物非常感兴趣。很多读者并不想过多地投入虚构人物的生活中。事实上，埃尔文在一次电话访问中说起过他早年写的一部小说，他当时收到了怒气冲冲的读者写来的一封信，这位读者抱怨说她再也无法信任他了，因为他将她置于她认为非常错误的境地。他明白她的意思，尽管他觉得自己写的东西本来是对的，但他还是意识到自己必须对读者负责——虽然不是让他们的生活变得更轻松，但也不应该是变着法子摆布他们的情绪。

  这种感受上的联结也是心理治疗关系的一部分，它存在于虚构与真实之间：说它虚构，是由于它高度非写实，在这层关系中个体只是有一个阶段在一起，因此，这层关系的边界只是比书本的实际边界宽一点；说它真实，是由于人们都有血有肉。此外，在心理学中，故事创作者的身份比在小说中更加模棱两可。在心理治疗中发展出来的故事线索是共同创作的，可以说，治疗师和患者是联合作者。有时候治疗师就像小说的读者，毕竟他直接聚焦、接收并听得入迷的并非他自己的人生。按照尤多拉·韦尔蒂早先的意思就是，他通过留心听故事并对正在展开的故事保持高度敏感，来判断这是一个好故事还是一个根本无法流传开来的故事。有时候，他不仅听故事，还会引导故事的发展。他可能会设定一些实验，来鼓励患者探索治疗室内外发生的一切。他可能会解读、建议或者引导。他可能会给予患者帮助并让患者长见识。他做的工作就是要让患者朝着他们自己承诺更好地去生活的方向努力。

不过，无论心理治疗师在做什么，他的自由度是有限的。单纯地投入患者的故事中，仅仅是达到了一半要求。另一半要求是要保持批判的能力，这对于识别出好的故事线的一些品质是必需的，就像编辑做的那样。他在寻找好故事的三大特质——条理性、指向性和可承受性，其中的每个品质都是引起改变的因素。

首先，要服务于条理性，为了获得真实的关注，必须保证故事都能结合在一起，每个部分最终属于整体。这种条理性需要的并不是一成不变，只要让听者体验到神秘莫测或引人入胜的意味，有些不协调实际上反而会使描述更富刺激性。当不一致看起来好像是一片混乱，或者一件事的必然结果迟迟没有出现时，听者的注意力就会分散。每个人的一生中都有体验的碎片，不过对有些人而言，可能这些碎片挺和谐，

第二章
活过与讲出来

而对另一些人来说，这些碎片代表着分裂的人格。治疗师被提醒有选择地寻找机会，将矛盾的地方统合起来，这样这些碎片就可以作为复杂人性的有效组成部分被体验。从基本的条理性中发掘一个秘密时，人们可能会一口气说太长时间而没有把事情讲明白。无论如何，不协调常常是人们隐忧的根源。每个人都想变得健全。

其次，治疗师和患者都有必要去感受他们正在演进的方向。有时候这一方向很清楚，例如，得到一份新工作、更轻松地微笑或者提出之前避讳的那些话题。有时候，尽管无法证明，进展可能正在进行，而且在之后的某个时候会突然被觉察到。无论是读者还是小说家，都不被允许很长时间毫无进展，治疗师和患者也不会容忍由于不相符的个人偏差造成的停滞不前。正如约翰·加德纳在《成为一个小说家》一书中所说："普通读者需要一定的理由继续翻页。两样东西可以让普通读者继续往下读——辩论或故事。如果一场辩论只是一直说着同样一件事情，永远不从 A 进展到 B，或者一个故事看起来不知将向何处演进，那么读者就会失去兴趣。"

在许多治疗阶段，会采取相同的方式，每个阶段都以之前一个阶段为摹本。在这一点被修正之前，即使是扣人心弦的主题，也会变得没有新意，甚至陈腐乏味。绝大多数患者或死板的人需要体验到进展，而且当他们体验到时，每个进展常常会孕育出新的进展来。因为从某种意义上讲，进展是不可避免的，所以通常只需要关注其特殊的、有时候被忽略了的表现形式。成功就在那里，并非超乎寻常，但要认出它来，就像创造它一样困难。例如，有个人说，他想变得让一群人更热情地接纳他。尽管他很享受与他们在一起，而且他也有很大的影响力，但他们之间的关系还是有点距离。我指出，他经常在讲出来之前想得太多，也许正是这一点造成他产生了与别人的距离感。而他坚信自己不得不先多想想。我向他展示了他未经思考已经讲出来的很多事情。他很惊讶地发现，的确是这样，而他只需要将自己下意识地在做的事情转换到期望的状态就行了。经过练习，他相信，不假思索地把话讲出来是安全而自然的。事实上，在他与这群人下一次见面时，效果很快呈现出来了。当时，他说话的流利程度显著提升，而且他感觉得到了温暖的回应。

最后，至于可承受性，必须认识到，引发人们功能障碍的那些痛苦和不适感是存在分级的。无论是在小说、治疗还是日常生活中，在痛苦与生活的其他方面之间，都必须维持一个可接受的比例。幽默、讽刺、兴趣的多样性及冒险感、神秘感、爱，所有这一切都是受困于自身的痛苦而几乎不能自拔的人们避免提及的故事元素。无论是在一部小说还是生活中，这种人可能只是让人感觉到短暂的有趣。小说家和治

第二章
活过与讲出来

疗师都必须将压力完全释放,这样才能让读者和患者保持新鲜感。对于治疗师来说,做到这一点特别困难,因为有些人来的时候就已经深陷这些折磨而掩盖了其他的一切。无论如何,充满同情的支持、有用的信息、新的可能性的曙光、富于幽默感的观察、让故事逐渐展开的时间,甚至是药物治疗,都会提升问题的可破解性。

下面的这个例子,说明了条理性、指向性和可承受性是怎样进入患者逐渐展开的故事中的。卡罗是一位35岁的室内装潢师,她与一位她喜欢却感到无法共度余生的男人结婚多年。他们目前分居了,而且她必须决定是结束这段婚姻还是与他复合。她在两种设想之间举棋不定,一想到要复合,她就感到几乎要得幽闭恐惧症,而一想到要拆散家庭,她同样痛苦不堪,她的三个孩子爱他们的爸爸。她一遍又一遍反复念叨着这个喜忧参半的矛盾主题,一方面想从婚姻中挣脱出来,另一方面又发现终结婚姻自己难以承受。

她内在的各部分之间展开各种对话,她叙述了自己的影响力、洞察力和决心,她敞开胸怀表达了丈夫的特殊性格及其他治疗手段,但她的故事还是让人感到没完没了。在她中断的故事线中,既没有条理性,也没有指向性和可承受性。完全不具备这三个特质。如果没有这些特质,她就到了快把我隔离的边缘,一如她已经在她自己的生活中将其他人隔离。

我想再次与她连接。看起来她把治疗这件事当成了从做选择的需求中分散注意力的方式。在整个治疗过程中，她可能相信自己正在做着什么而非陷入了困境。实际上，治疗成了拖延的借口。但是这个过程太痛苦了，更进一步的拖延完全不可接受。于是，我抛开熟悉的心理学技巧，根据我自己的判断，告诉她我认为她应该回到她丈夫身边。我说这话时更像是一位荷兰大叔而不是心理学家，尽我所能与她连接。当然，她不喜欢我的建议，而且她不可能喜欢任何建议。不过，对好的故事线的需求，要求她继续探索。

接下来的一周内，她常冲我大发雷霆。不过，她的暴怒将她引向了条理性、指向性和可承受性。她有了两种新认识，每个都增加了条理性。首先，我认为她像是个无助的小孩子，需要被送到一个支持性的氛围中，而她也认可我的观点。她觉得受到了侮辱，尽管她也意识到正是自己将自己置于这种境地。其次，她认识到自己内在有一种很倔强的脾气，这种脾气让她坚持摆脱她的丈夫。当她认识到这一点时，她意识到自己其实是在试图让她的母亲难堪，她一直无言地蔑视母亲，因为母亲和她自己不爱的男人过了一辈子。当她表达出这些新想法时，她的行为在我和她的大脑中得到了整合，对我们两个人而言都是可以理解的。

与此同时，她对自己体验的可承受性有了新的认识。

第二章
活过与讲出来

她措辞十分明确地告诉我，实际上她非常擅长照顾孩子们的衣食、健康和学业，她还负责银行的琐事和账户，赚了充足的钱来保持盈余，从事着她一生中最好的职业，踏踏实实爱着她的孩子们，给他们忠告，与他们一起欢笑。她的表达消除了她巨大的痛苦，否则她可能早已被这种巨大的痛苦占据了。

她对指向性的感觉也提升了，因为她已经和她的丈夫复合，尽管她抵触过我的建议。她为重续前缘设立了一些基本规则——不接受来自他的任何压力，例如无论是在性还是永久复合的问题上。然而，这行不通，于是她再一次结束了他们的关系。过了大概一年，她又想与他复合，不过已经太迟了。自从上次分手以后，他已经不再想和她复合了。尽管这伴随着一些新的痛苦，但从另一方面来说，这是一次获得自由的体验。在那个时间点，她为自己的生活选择了新的"精神"指向，而且她说自己过得很平静，既没有萎靡不振也没有成为生活牺牲品的感觉。

从某个方面来说，这个故事有一个悲剧性的结局，因为当她最终想回到她丈夫身边时，他已不再接受她了。不过，悲剧也会成为故事完结时结果的一部分。

吸取教训
通过讲故事将生活原则具体化为行动细节

许多故事通常都会指引人们如何过他们自己的生活。有时候这个目的明显是刻意的，充满了道德或教育性的信息。有时候，这种信息又不是太明显，只是偶尔会从故事中衍生出来。在最著名的信息平台上，有《圣经》中的故事、苏菲的故事和文学故事——例如，查尔斯·狄更斯的此类作品，孩子们不但从中学到了许多恪守我们文化道德准则的童话和寓言，还可以从歌曲、当代图书、电影和电视剧中找到流行文化故事。

有一个苏菲的故事是这样的：有一群人被警告说，如果他们不囤积现有的水，最终就只能喝一种会导致他们发疯的新水。只有一个人囤积了旧水。在其他人不得不喝新水的时候，他可以喝自己囤起来的水。他看到他们确实疯了，但在以新方式运行的群体安全状态下，他们认为他才是疯了的那个人。最后，由于常常被孤立，他决定喝下新水。很快他的表现就和其他人一样了。他抛弃甚至忘掉了自己囤的水，于是他被这个群体的人重新接纳，这群人为他神志恢复正常这个奇迹而欢欣鼓舞。总结教训就是，疯没疯是相对而言的，选择之一就是向群体标准屈服，而上面这

第二章
活过与讲出来

个故事强化了该结论。

童话也强调了我们所有人不得不面对的境遇。《韩塞尔与葛雷特》提醒了我们生活中的邪恶力量和孩子们面对这些力量时的脆弱。他们高兴地向我们展示了美德与纯真胜过脆弱,即使我们身陷巨大的逆境,但仍有希望获胜,我们都会因此受到鼓舞。

至于当下的流行文化及其教育效果,则存在着极大的争议。有些人说,由于一些电影和电视剧渲染暴力,导致暴力事件增多了。另一些人说,故事本身并没有这么做,它们只是给了人们想要的娱乐效果,或者无害地释放了被压抑的暴力。我们不必深入讨论这种争议的对与错,我们可以说电视剧中的某些故事比非故事性的说教更能生动地把事情说清楚。

在心理治疗中,通过讲故事,可以提示生活中的原则,而且通过行动细节使这些原则越来越清晰。举个琳达·盖诺医生讲述的例子。盖诺医生是我们的同事,她出席了一个由我太太米瑞姆·波斯特医生和我举办的案例研讨会。盖诺医生给我们讲了一位患者的故事。这位患者在生活中保持着一种独特的疏离姿态,无论是总体的人际关系,还是他和盖诺医生的关系。尽管如此,不论他与他人的接触存在着多少让人身心俱疲的鸿沟,他居然设法留住了他女朋友对他的浪漫兴趣、他的朋友与他社交的兴趣，以及盖诺医生将他作为自己患者的兴趣，这的确让人惊讶。但是，他一点儿也不开心。

　　盖诺医生意识到，她的患者有一种能力——在保持人们对他的兴趣的同时，与他们保持距离，这让她想起了在阿维尼翁参观过的一家艺术博物馆，博物馆庭院里有几只雄孔雀和雌孔雀在跳跃，当时正是交配的季节。盖诺医生跟他讲她观察到了什么。她说："我着迷地看着几只雄孔雀走近一只雌孔雀，打开它们绚丽的尾屏，展示它们漂亮的羽毛，而且扇动空气，直到空气被搅得'嘶嘶'作响。雌孔雀则对它们视而不见，一直在啄着地面。其中一只雄孔雀并不气馁，变换着靠近雌孔雀的角度，反复展示着自己的色彩，但仍然无法引起雌孔雀一丝兴趣。最后，无数次变换角度后，它低下头，将自己的尾屏收起，慢慢地离开。它走到大概15英尺（约4.57米）开外。然后，雌孔雀抬起头来张望，将头扭向雄孔雀的方向发出轻轻的'噗'的声音——听到这声音，雄孔雀立即跑回来开屏并重复整个过程。"尽管盖诺医生的患者在听这个故事时像平常一样耸了耸肩，而且几个月后才向她提及此事，但他对治疗与其他关系的更大投入，却从那一刻开始了。

第二章
活过与讲出来

信息

人们被深入导向他们自己的人生细节

许多故事是根据想象创造出来的,这似乎与将这些故事看作信息来源或历史记录是矛盾的。然而,这些故事的确如此。很多小说展现了庞大的知识量。当故事的主人公是一位建筑师时,小说家必须学习足够多的建筑知识,以赋予角色真实性。对于一部场景设定在埃及的小说来说,小说家必须了解埃及——也许是它的历史和人民的习惯及地理、政府、食物和沙漠的特征等。亨利·詹姆斯在谈到巴尔扎克时写了这种信息化的"礼物":

巴尔扎克笔下的法国既是一部足够鼓舞人心的散文体史诗巨著,也是一份足够简化的报道或图表……它就像一位耐心的历史学家,一位真实的本笃会修士,活在他那个时代的画家,审视着自己并处理着自己的素材。如果我们愿意,所有具有时尚风格的画家,都可以是历史学家,即便他们没有披上制服:菲尔丁、狄更斯、萨克雷、乔治·艾略特、霍桑……(巴尔扎克)以一种最伟大的想象力、无与伦比的视觉强度……还从科学的角度、从各部分相互影响的角度看待自己的研究对象，而且在追求准确性的激情下，他有一种对各种各样的事情一口吞下去的食人恶魔的欲望……一方面，他的想象力很紧凑；另一方面，他又不满足于做最近的事情、原始素材和当前组合的报道者，而这一切被历史学家想要修复、保存和解释它们的冲动所驱使。

与此类似，用于治疗的信息的主要部分，也是从人们讲述的故事中提炼出来的。心理分析最具创新的贡献之一就是建立了一种信息收集的新形式——并非通过病历史访谈这种惯常的做法，而是通过唤起患者广泛讲故事。通过问与答的方式收集事实，一般会获得狭窄的信息范围内的结果——一大堆关于出生地、兄弟姐妹和职业的事实。这对于深入了解一个人来说太狭隘了。在心理分析中，提供干巴巴的信息被自由联想取代了，每个患者会展开自己人生体验的许多篇章。尽管自由联想并不要求有故事，却总是会引出一大堆的故事。通过分析师唤醒式的引导，人们被深入导向他们自己的人生细节，这也许是有史以来最具探索性的努力。

与博尔赫斯的另一只老虎一样，原来的现实并不会通过这些故事真实地再现，但新的现实有它自己的活力存在。由于存在这种差异，有些人会说，原来的事实甚至不是很重要，

第二章
活过与讲出来

那些我们想象的已经发生的事，才决定了我们的观点和行为。事情的确如此，毕竟新的故事是在原始故事的基础上产生的。如果它消失了，也就没有"另一只老虎"可创造了。

最近心理学界有一个由杰佛瑞·梅森引发的论战，就是围绕这个中心展开的。他说，弗洛伊德关于俄狄浦斯情结的假设，其结论来自于他放弃了自己早年相信的一个想法，即他的患者实际上在童年时期就已经被勾引。弗洛伊德开始相信这些勾引只是这些人想象出来的。由于并没有实际的性接触，他推断，肯定有一种基本的人类反射促使这些人想象出了父亲、母亲和孩子之间的三角性冲突。这个理论推断提升了想象的重要性，而且微妙地减弱了信息的重要性。假如人们是否真的在儿童时期被勾引并不是那么重要，那么什么样的信息是重要的呢？无论这种观点有没有影响力，相对于人们生活的实际情况，心理治疗师往往更感兴趣的是人们对自己人生的感受。有一个笑话，说的是一位患者被问到治疗是否给他的生活带来了改变，他答道："什么也没有改变，不过我感觉自己的生活好多了。"尽管这是事实，但这种通过教人们如何超越让人虚弱的生活实现成长的做法，确实让许多人受益，但仅仅是简单地不理会这些事实，还是给人们的体验留下了脆弱的基础。一个人是否真的被性勾引是一个重要的信息点，这与想象完全不同，很像博尔赫斯的真老虎与"另一只老虎"的区别。在区分这两只老虎时，可能出现的危险是，是否有一只被吃掉。四岁时被性骚扰，将会导致一个持续存在的有血有肉的现实，如果这一点被忽略，一个人就永远无法感觉到真正被接纳。信息和对信息的确认，是意识觉察的起点。

  我的一位患者在跟我说起有一天他参加的一个聚会时，清楚地表明了这种整合信息及推断的必要性。在对他的治疗中，他的举止整体看起来非常克制，但在这次聚会上，他弹了吉他。这是个有点儿让我惊讶的信息，因为我想象他是个非常注重隐私且孤僻的人，不会让自己面对哪怕一个观众。我问他是否可以把他的吉他带过来并为我弹唱几首歌曲。当他这么做时，他的歌唱对我是个启发——充满活力、旋律优美、无拘无束。他对于成为一个有野性的男人的恐惧——正是这种恐惧导致了他的举止很克制——在歌唱的时候烟消云散了。当我请他用与歌唱时的自我相同的能量说话时，他可以觉察到自己在唱歌时有能力战胜自身的野性，而且可以把这种能力延续到平常的谈话中。作为他的治疗师，如果不知道他按自己吉他的曲调歌唱是什么样子，又怎么可能了解这个人呢？

第二章
活过与讲出来

释放能量
要达到最新的状态，必须释放干扰能量

在无法直接行动时，讲故事也可以帮助我们摆脱能量卡壳的状态。有时候这挺容易做到。如果你见过高速公路上的车祸，那种场景可能会一直徘徊在你的脑海，无法很快消除。而此时最需要做的就是把它讲出来。用于释放能量的其他需求可能更复杂：一项被遗忘的义务回到脑际、一个待拟定的行程、有待为保龄球队邀请的一个人，以及一段贸然结束的对话。所有这些都需要我们去做点什么，而在这之前把这些讲出来，可以缩短完成讲述之前的时间间隔。讲述这些未完成的事情，也可以帮助某人理清他想如何处理这些事情，创造更开明、自信和优雅的个人意愿去做需要做的事。

在心理治疗中，这种释放未曾释放的能量的简单需求，已经得到了广泛的承认，形成了一些方法论的基础。完形疗法作为其中一种方法，提出了"人们活着总是有要去完成未竟事宜的冲动"的理论，要达到最新的状态，必须释放这种干扰能量。如果一个人恐惧进电梯间，他需要找机会释放那股让他害怕的能量。讲述他的父母将他锁在壁橱里的往事，将会为他提供这样一个机会。在他讲述被锁在壁橱里的故事时，会升起自身的强烈感受。伴随这些感受而来的可能是有

力的语句、粗重的呼吸和大声的尖叫,想象中向他父母说话的新方式,对父母的原谅,对当下安全感的新认知,以及所有数不胜数的有用媒介。正如我们会看到的,在被中止的旧故事中创造了新的变化。

　　这个故事比原来刻板的故事更具延展性。因为如果一个人不再被旧有的感知所困,他就会看到意想不到的可能性。虽然在新的边界内,患者可能仍然谨小慎微。更有经验的治疗师会提供支持、鼓励和自己的洞察力,而患者则提供了自己的素材并勇于找出故事线索中可能存在的导向。

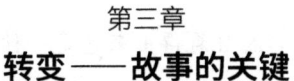

第三章
转变——故事的关键

……在专注的瞬间，一成不变的假设正在分解成许多可能性，而且看得出来它是一种潜力。

——皮尔斯、赫弗林和古德曼，1951年

在创作故事的过程中，作家、治疗师和日常讲故事者都被转变性体验的吸引人的方式引导。面对时光停滞的虚幻感觉，在一个人一生中的关键节点，对"一个人要想活得好，就必须承认时光流逝的无情"，就会如此清晰地理解一件事会自然而然地接着一件事；而假如一个人的注意力优雅地从一件事转向另一件事，在此过程中就会存在一定程度的兴奋感。这种兴奋感来得如此容易，以至于只是偶然被注意到了。生活中有种可辨识的迹象就是高速飞驰下的战栗感，无论是骑着自行车下山，还是以90英里（约144.8千米）时速开车。速度将人们猛然推入下一步，随着它在每个瞬间发生明显的

第三章
转变——故事的关键

改变，将转折点彰显出来。

对于读者来说，要想立即在简单的转变性体验中获得尝试，我建议去做这个实验。当你继续阅读时，要稍微转移你的注意力，不仅要注意眼前的单词，同时还要预见下一个单词。下一刻是关键的角度。你总是处在两者之间且总是在往前走。当你有意识地倾向下一个单词时，留意一下它是否造成了不同的阅读体验。你可能已经发掘了自己的一个能量库，从而产生机敏、兴奋和流畅的感觉。向前倾也可能耗费了你一定程度的理解力，特别是当你前进的速度超过了你的协调能力时。如果你已经适应了将注意力放在转变上，可能会更容易一些：许多人已经不由自主地主动去预见下一步了。

也许有些人会对这种观点不以为然。总是对下一步会发生什么保持警觉，从来不安于已经在发生的一切，急急忙忙地冲入未来，这难道不是一种疯狂的生活方式吗？当然，尽管我们可能会断断续续地试图让自己提前进入下一步，或者预言下一步会发生什么，但我在这里建议的并不是这种浮躁的做法。相反，是自然地进入未来的一种提醒——正常、不费力气且无意识地进入未来。就像当电话铃声响起时，我们走向电话，一个句子从一连串单个词语中呈现出来，一个问题后面跟着一个答案。事情一个接着一个自然地产生了，就像吸气与呼气或者着陆与跳跃的基本顺序一样。

"箭头"现象
每一件事都含有指向未来的"箭头"

当然，穿越连续性的过程，并不总是像自发、平和的顺序所暗示的那样容易。对顺序的处理经常充满复杂性和危险性，会让人慢下来甚至停滞不前。每一件事，无论是简单如一个词语或脸色的阴晴，还是复杂如政府发布的一个政策通告，都含有指向未来的"箭头"。举个例子，想想一家餐厅的领班说："您订的餐位现在准备好了。"你一听到这句话，就会自然地跟着他走向你订的桌子，几乎总是这样。"箭头"和方向非常清晰。然而，即使是在这么简单的交流中，也有可能存在着导致巨大复杂性的元素。你想要的可能是一张户外的桌子，而服务员正把你引向室内，你可能已经等了一个小时，感到既开心又气恼，或者你可能突然想起来必须打个电话。不管有多少种可能性，"箭头"都会指引你朝桌子走去。

在一堆相互矛盾的"箭头"存在的地方，我们需要更高的敏感性。举个例子，假设一个女性朋友对我说："我想打电话给亨利。"简单的话语，导向了一个简单的动作。然而，如果我预知到她打给亨利时会产生令人不愉快的后果，我可能会警告她不要打。或者我可能会保持沉默，相信自己不应

第三章
转变——故事的关键

该干预她,而且希望事情的结局不会如我猜想的那样糟糕。"箭头"也许还会提示其他的方向。当我想到至少她会打给亨利,我也许会松一口气。或者,根据我对朋友的了解,我会意识到她并非真的想亲自打给亨利,她可能更想由我来打这个电话。然后我可能帮她打这个电话,或者我可能让她接着去打这个电话。我选择什么非常重要,因为如果我从多种多样的信号中无意识地做选择,当我的朋友按她的方法、我按我的方法去做时,我们优雅的动作就会受到干扰。有时候这还会引起激烈的冲突。更常见的是会有一种模糊的感觉——任何方向都不选。不幸的是,仅仅是这种失去连接的情况,往往会侵蚀这种关系。

举个例子说明。我与一位生物学家有一段简短的交流,他是我的一位患者。我一直在鼓励他,他应该对与他生活在一起的女人及其他人多谈谈他自己从事的活动,而不仅仅是埋头苦干。他回应我说:"谈论令我兴奋且真正进展良好的事情,比谈论让我真的感到沮丧的事情,要容易得多。"这里出现了一堆我可以追踪的"箭头"。我不明白对于他来说,何为"容易的事情"。一个完整的故事很可能就是围绕那一个主题发展的,我将之抛在一边。然后他说了一个词"谈论"。他更喜欢展示给人们看,而不是讲给他们听?当他谈论的时候,谁在听,谁又关上了心扉?那个"箭头"我也不追踪。然后他用了一个词"兴奋"。什么让他兴奋？当他感觉兴奋时，他怎么了？这一点也未能吸引我。所有这些对他人或处在另一时间点的我来说，可能已经是最好的"箭头"。而这一次，我选择跟随的"箭头"是他难以讲述、让他感到沮丧的事情。我想了解更多他完全屏蔽的沮丧的事。于是，我对他说："沮丧也很有意思，小说和电影都充满了让人沮丧的事情。"

于是，他跟我讲了他的工作，按照他的说法，是"99%让人沮丧"。我请他阐明到底是什么让他如此沮丧。他泛泛而谈了一阵，接着跟我讲了他的一个实验。尽管对生物学知之甚少，我还是全神贯注于他的讲述。他描述了自己的工作——研究两种非常相似却起着完全不同新陈代谢作用的蛋白质。他讲了在时间压力下挣扎着去解决问题的诸多细节，而且告诉我经过大约一个星期的工作，他"终于非常幸运地找到了解决问题的方法"。他还讲了他让人沮丧的有关研究的故事，在讲这个故事时，一堆新"箭头"呈现出来并指向新的未来。而我选择追踪的是他暗示了"运气"的那个"箭头"。

在他所指的"运气"中，隐含着两种有矛盾的可能性。一种可能性是他幸运地享有大自然的慷慨恩赐，这是一种让人愉快的感觉，但并不是他曾经展示出来的那种感觉。另一

第三章
转变——故事的关键

种可能性是他在贬低自己,对自己在找到解决方案过程中的强大作用视而不见。于是我说:"运气好,听上去好像和你没什么关系。关于你的运气,我想了解更多。"随着他继续往下说,他很快认识到,他对两种蛋白质的配比及它们之间会如何相互影响,做了非常巧妙的猜想。在他进一步接受了自己的角色后,他认识到,好的研究才会创造最好的机会,让运气发挥作用。这使他成为运气的合作伙伴,而不仅仅是被动的接受者。

总之,在这些简单的顺序中,这个人讲了一个有重要戏剧元素的故事。故事的主人公是化学物质,不是人,但他对此进行了生动的描述——这些主人公是如何彼此相连的,而且在这种或那种情境下它们身上发生了什么。他允许自己的沮丧成为故事的一部分,直面沮丧并感受其中的乐趣。他描绘了做某些选择的风险,他还创造了一个开心的结局,而事实正是这样,尽管这并不是必须的。作为个人信息的传播媒介,讲故事进一步给了他看待运气好的视角及接受他自己能力的先例。

在许多体验中,连接并不是如此显而易见,而且"箭头"与结果的间隙非常大。一个未婚的女人来见我,因为她怀孕了,而且陷入了是否要这个孩子的两难境地。她急切地想要这个孩子,但又不自信靠自己能够完全承担此事。孩子的父亲很爱她，想和她结婚。即使知道她不想和他结婚，他还是愿意分担责任抚养孩子，而且并不向她索要什么。这个女人的害怕是可以理解的，即使这些安排意图很好，还是会不可避免地将她与他捆绑在一种更深的关系中，而这不是她想要的结果——她只是知道这些安排对他们彼此都没有好处。

  并存的"箭头"——是否要这个孩子——是如此对立。于是，我建议她通过角色扮演，与她的两种选择展开一段对话。当每一方代表轮流交换着说话时，她的声音就变得洪亮起来，她的措辞也变得清晰而坚决，她开始感到快活而不是压抑，而且她开始认识到自己的强项而不是不足。在此基础上，我们结束了这次治疗。

  我本来以为她对内在强项的认知会带领她前行并独自生下孩子。但是，呈现的结果证明，我错误地解读了"箭头"。一周后她告诉我，对话中再现的快活与自信，引导她意识到自己不需要孩子。她对放弃要孩子感到很平和。随后她做了人工流产，在她的决定和她新发现的自由中，一切都很清晰。随后发生了一件更让人惊讶的事，她十五年前在埃及做考古挖掘时已经爱上的一个男人再次出现了。现在，这段爱情健康而幸福，而且他们很快就会结婚。这一次，一个宝宝可能会伴着她全心全意的认同降临。

第三章
转变——故事的关键

悬念

在平常情境下,我们很容易忽略从一个瞬间到另一个瞬间的小转变

不确定性是戏剧化体验的根源。当注意力聚焦在接下来会发生什么时,就有助于每一项体验,它制造了悬念。正如E.M.福斯特在《作家的技巧》中所说:

> 我们就像谢赫拉莎德的丈夫一样,在那种情况下,我们想知道接下来会发生什么……那是很普遍的,而且是为什么一部小说的支柱必须是一个故事。我们中有些人对于别的什么也不想知道——我们内心除了原始的好奇心,什么也没有……(故事)是一种按事情发生的时间顺序安排的叙事方法——晚餐在早餐之后,星期二在星期一之后,腐朽在死亡之后,等等。作为故事,它可能只有一个优点:让听众想知道接下来会发生什么。反之,它可能只有一个缺点:让听众不想知道接下来会发生什么。

由于小说家可以压缩时间,在走向下一步方面,他们比治疗师具有巨大的优势。读者想知道重要的结果,不必等很长时

间。几个小时之后,他们就能知道角色们会不会结婚,复仇行动是否会成功实施,或者工作中的改变是否会解决。这种间隙的缩短,放大了对下一步的觉察。在平常情境下,我们很容易忽略从一个瞬间到另一个瞬间的小转变。我们反而是自由的,因为下一步是大脑的一种状态,去前瞻我们接下来关心的那些事情。这种选择在此刻与下一刻之间制造了一些长长的间隙,同时也制造了可能比一本书中类似的悬念更难承受的悬念。在现实生活中,可能我们需要花两年时间找到谁是凶手——也许我们永远也找不到。很明显,读小说时可以承受紧张与悬念的程度,在心理治疗过程中是无法维持的。

治疗中,悬念显得让人无法承受,往往会以逆来顺受应对。患者假设了一个固定的位置,排除了未来的众多可能性。如果悬念可以减少到可掌控的程度,对未来可能性的信念就可能恢复。事实上,对患者来说,再一次轻松获得对未来的憧憬,将会是巨大的安慰。

带着这个想法,我问拜伦,治疗小组有一个看起来总是非常哀伤的成员,在小组治疗过程中一如既往地沉默,用制造悬念这一方法,对他是否合适。我并不清楚他是否会考虑接受我这个温和的干预性请求。不过,他真的松了口气,而且针对自己的沉默向我做了简单的解释。他说让他印象深刻的是,别人可以谈论对他们如此重大的事情,而他会羞于谈

第三章
转变——故事的关键

起对自己来说同样重大的事情。我建议他先听别人说，也许在不久的将来，他也会准备好这么做。他同意了。当我问他这个未来前景让他感觉怎么样时，他的态度变了。他羞涩地笑着说他很高兴，而且更重要的是，他不再感到被隔离。此外，同时拥有当下的现实与可预见的未来，使他感觉自己是小组中正式的成员，而且使他卡住的状态有了一定的意义——尽管他还没有像他们那样做。他可能会开口说话。这个事实让他的体验从听天由命变成了惶惶不安。他的沉默变成了一种前兆。尽管我们不会对他提出任何高要求，但我们现在都在期待某一天他会说出自己想说的一切。

可控的悬念能让生活保持有趣的状态。如果生活中没有悬念，或者悬念持续的时间过长，人们就会日渐了无生气。我们都认识一些能够微妙地激发期望的人，他们可能用让人惊讶的措辞来表达。或者他们可能有一张表情生动易变的脸，可以随意从露齿微笑变成怒目而视。他们可能讲述引人入胜的故事，或者使用把我们往前带的手势，或者营造必须紧跟着他们的一种紧迫感。无论说什么或做什么，他们总是令我们对接下来会发生什么充满兴趣。

哈娜是一个在制造悬念方面有天赋的人，她是一个四十岁的女人。她对自己的特别之处毫无觉察，尽管他人都觉察到了。她有一双能很快吸引他人注意力且灵动得仿佛会说话的大眼睛。她说话时语速很快，而且有一种伍迪·艾伦式的自我贬低状态。她在严肃的陈述中会不时穿插一些迸发着温暖气息的幽默。在这些节点上，她会突然把嘴张得很大，露出明亮洁白的牙齿。然后，她的笑容会消失，展现出坐牢一样的古怪表情；她的眼睛忽闪着，头倾斜着，仿佛在试图环顾屋子的每个角落，神态忧心忡忡又不屈不挠。

她传递了一种感觉，那就是，每一件事都很重要，而她的姿态又暗示了在那一刻她仅仅是在闲谈。她随意开着玩笑，看起来像是初中的校长要把她叫进来让她玩未经授权的游戏似的。不过她一直在逃避权威，说着聪明、睿智或滑稽的话。在她说话时，小组的其他成员都呆住了，等着她说每个字。每一次她讲完，她的听众内心都会升起一份欢愉。

这种魅力对他人有多大的影响，取决于他们是否允许悬念朝着有成效的方向发展。哈娜充满悬念的暗示，可能并不比一个讨人喜欢的奇葩中学生多。她引入了一系列故事，也知道自己在说什么，而且努力为自己这种引人入胜的魅力添加内容。如果她的故事没有重要的主题，或者没有任何进展，那么她不成熟的重复行为很快会被证明是空洞的。悬念之所以值得大家踊跃关注，就在于它有进展。

第三章
转变——故事的关键

结局

关注接下来会发生什么，最终会转变成担心事情将如何结束

关心接下来会发生什么，最终会转变成担心事情将如何结束。因为走向结局的旅程通常很崎岖，充满耽搁、打岔和失败带来的烦扰，人们会抓狂地关注事情将如何结束，却疏于理会此刻与后来会发生什么事。为了部分满足对结局的预想，他们跑去找算命的人，或者直接跳到一本书的最后几页，或者做白日梦，或者用设想悲惨的结局来吓唬自己。

著名的口号"结果好，一切都好"，适用于许多体验。一个人被救起后，差一点儿被激流冲跑的那种恐惧就会消失。十六岁的孩子晚了三个小时回家带给我们的焦虑感，在他回到家后就消失了。怀疑患上危险疾病的威胁，在X光呈现了一张清晰的图像后消失了。显然，在遇到的麻烦有个很好的结局后，人们通常能很快适应此事。

当然，事情并非总是这样，因为有些人一旦被吓过，就会习惯性地预见不好的结局。另一些人则强迫性地让每件事看起来比实际情况好，以消除这种状态。特别是早年好莱坞的电影，尤其以快乐的结局著称，即便改编成电影的小说原著，本来是悲剧性的结局。不过，并不是好莱坞发明了快乐

的结局。这里有来自1880年的一本无名小说的纯朴的结局，它代表了夸大结局重要性的一种类型：

> 玛格丽特依然美丽，白发如雪，脸色如一片浅粉红色玫瑰花瓣般美丽。她坐在他身旁，微笑着，聆听着，织着毛衣。他们心中没有需要驱除的恐惧，没有需要疗愈的冲突，过去无缺憾，未来很确定。他们创造了一幅年老时的图景，很成功，"安详而明媚，如设得兰群岛的夜晚一样让人愉快"。

这样的结局明显过时了——今天看起来非常直白，即使是在当时，也可能很可笑。通过对比，大家已经知道了冷酷现实的存在，自从世界范围内的战争及存在主义出现以来尤其如此。战争和存在主义者都非常清楚地提醒了人们一些永远显而易见的事实——没有人能脱离这个世界而生活。更糟糕的是，我们不仅最终都会死去，而且一路走来可能有巨大的痛苦。这些阴郁的现实并不新鲜。多少年来，警钟在希腊悲剧、旧约全书、新约全书、莎士比亚悲剧和现代悲剧中长鸣。然而，尽管悲剧是老生常谈，它还是完全属于我们。在我们这个时代，有一种对碾过我们整个人生的命运的新鲜认知，我们根据自己隐匿的逻辑，去扭转命运并切断人类的存

第三章
转变——故事的关键

在感。个人暴力、战争、政府镇压、欺诈与诽谤,通过电视、报纸和朋友的闲谈,每天都被带进家庭中。生活在纽约的一个平凡的人,说他认识的所有人都有近亲或朋友被抢劫、盗窃或强奸过。这种危机四伏的生活,造成了传染性的警惕,使人们高度警惕生活中的麻烦,而且会对有关这些事的报道过度反应。基于这种氛围,艺术总是通过让人非常痛苦的情境——有时是预见性的,有时是自发的——给人们传达着信息,因此造成了一种印象,仿佛只有悲剧性的观点才是充满智慧的。

不仅仅是生活中存在吸引人的悲剧,人们普遍相信生活本身就是悲惨的。就像约翰·福尔斯的小说《丹尼尔·马丁》中的英雄作家说的:

> 在知性阶层公开提出"这个世界上任何事情最终都会好起来"这样的观点,会让人讨厌。甚至当事情……私下确实变好了,人们也不敢艺术地这么说……只有悲剧性、荒诞主义、黑色喜剧的视角……才可能被认为是真正代表人类的尊严,而且是严肃的。

在这种黑暗、愤世嫉俗、带有偏见的社会思潮中,衡量一个人卓越与否，是看他面对死亡和近乎死亡的脆弱处境时，是什么样的。这种思潮会锻炼人们无情地揭露包括开心体验在内的大多数体验——甚至会直接关注既没有快乐也没有悲剧的地方。在这股悲剧性的社会思潮中，即使像尤金·奥尼尔这么严肃的作家也中招了。罗伯特·伯克威斯特在《纽约时报》一篇文章中指出，奥尼尔由于给《安娜·克莉丝蒂》写了一个快乐的结局而受到攻击：他被指控在哗众取宠。奥尼尔感到很愤怒，而且觉得自己被误解了，他回应道：

> 我想让读者带着这种深深的感觉离开：生活还在继续，过去从来不曾过去，而这总是未来诞生之所在——问题在此刻解决了，但解决方案本身又带来了新的问题。

奥尼尔的说明强调了快乐结局滋养出的连续性。在一定程度上，对于一个快乐结局来说，快乐的意思就是事情还会继续。悲剧则相反，它使连续性中断了。看起来悲剧是无情地将幕布落下，但也许这是悲剧不可更改的条件。当一个人经历了永久的毁容、无可争议的耻辱或至爱之人的死亡，那么，看起来他与他认同的每件事都一起终结了。有人可能会说，悲剧中的人不再是曾经的他自己，而且没

第三章
转变——故事的关键

有其他身份认同可接受。举例说明，如果一个人失去了一条腿，那么有两条腿时的那个人实际上已经不复存在了。由于那个人是唯一重要的人，连续性就终结了。如果事情没有那么激烈，他仅仅是失去了一颗牙齿，那么他的身份认同可能只会被干扰而不会被彻底消灭。每个人都有认同自己身份的需求，当这些需求被严重破坏时，只有愿意去体验新身份，才能恢复连续性。

在电影《真正的朋友》中，一个年轻人在跳楼自杀未遂后落下了严重的残疾。他最终努力以残疾人的新身份活了下来，而且羞怯地迈出了第一步。他加入了由伤残退伍军人组成的一个扑克小组，他们深知在严重的身体损害之后，会面临所有身份认同的难题。有个退伍军人是盲人，另一个坐着轮椅，还有一个装有两个代替双手的假肢。其中一个问另一个是怎么受伤致残的，他迟疑不决地回答自己企图自杀。此言一出，大家都一阵沉默。然后，其中一个退伍军人说："你弄反了顺序，应该先受伤致残，然后再试着去自杀。"

这些人都会发现，在他们最悲惨的时期，他们的身份并非如他们曾经相信的那样牢不可破。难以想象的丧失感，渐渐变得熟悉起来，变成了对人生无常的明确证明。许多人无法实现这样的转变。如果他们认为的唯一愿望——例如让挚爱的儿子死而复生——无法实现，他们会僵在那里。经过一段时间之后，当他们开始接受一段简单的对话、一口食物、一段扭曲的记忆、一阵感触的哭泣，或者对友谊的一份认知时，他们才算走上了替代丧失感之路。然而，当他们发现自己已经失去继续做选择的能力时，剩下的就只有苟延残喘的人生，曾经的身份已然终结。

  有个被悲剧掌控的女小提琴家，因为与她的丈夫的一段痛苦关系，来找我治疗。她曾经与他有过一段愉悦的风流韵事，那时他与另一个女人结婚了。他的妻子在发现这段风流韵事几个月后，由于心脏病发作去世了。这是个让人震惊的打击，尤其是当我的患者确信是这段风流韵事导致这位妻子心脏病突然发作。之后她还是和这个男人结婚了，婚后却完全没有性生活。随后，双方格格不入的疏离感出现了。甚至她还承受着他那些音乐家朋友带来的压力，他们上门演奏的音乐给大多数家庭带来了可爱的色彩，但在她家演奏却对她的神经造成了刺激。她丈夫无论如何也搞不懂什么击中了她，他能做的就是保持缄默和坚持自己的立场。

  我的患者之前认为自己是个有道德的人，但治疗伊始，前妻之死似乎很明显终结了她的这种感觉。尽管她的风流韵事与那个女人心脏病发作之间的关联并不明显，但对于此前那个女人的心脏功能失调，她仍然一直感到很愧疚，而且还责怪她的丈夫。她坚信自己已经不可挽回地成了不道德的人，

第三章
转变——故事的关键

这决定了她的道德身份。因此，事与愿违，这份愧疚感不仅没有消失，反而一直在积蓄着力量。这很荒谬。她本来可以把注意力放在继续生活上，这会有许多让她开心的机会，但是却陷入了严格地评判丈夫的行为和态度中。

我们的治疗主要有两个任务。一个是将她原始的伤痛转变成有趣的对话。这是件很微妙的事，因为当我在儿童抚养、性、工作、上学或其他主题上的道德标准没她那么严格时，我就能激起她的愤怒。她会将我的不同看法解读成与她的观点对立。而我确实相信她的观点有很多可取之处——围绕这些不同，我们会有很多生动雄辩的对话，而这些对话最终总是没有她设想的那么激烈。

第二个任务是引导她探索人类该怎样面对犯错。一开始都是我的错，然而，尽管我观点中的"瑕疵"让她非常痛苦，但她还是接纳了我。通过接纳我，她也偶尔变得对她自己不那么粗暴。我们的进展起起伏伏，不过，当她体验到在追求自己很高的道德标准过程中必须正视人类所面临的局限时，她几乎可以将自己的羞耻感转化成谦卑，这份羞耻感惩罚性地限制了她，而转化成谦卑则会更好地让她接纳自我。谦卑允许瑕疵和宽恕，而且是一种矫正羞耻感很好的方法。目前，她已经变得可以放声大笑，体重也有所增加，脸上有了一抹夺目的光彩，她已经重新与丈夫有了性生活，她还打算回去画画，而且已经安排了未来的工作。她的性格似乎已经被发生的悲剧打破，但她的生活确实在继续。她只要顺势而为即可。

小说家处理悲剧，前景比心理治疗师有利。他们可以、也有能力用各种体验安排小说主人公的生活，还可以自由地让悲剧体验的碎片落在主人公生活的某处，而无论是他们自己还是他们的读者，都不允许在自己的生活中有这些体验。另一方面，治疗师却是受托去创造快乐的结局。复杂的现实让这件事很难办到，治疗师必须尽力将患者从悲剧中解救出来，与此同时，他也必须了解生活中的悲剧因素，而且毫不畏惧地面对它们。

当读者安全地见证了在其他情况下不被允许的多种多样的体验，小说就会通过拓展和澄清心灵的维度帮助读者了解悲剧的现实。读一本像福楼拜的《包法利夫人》这样的小说，读者可以在吸收她的体验的同时，以她无法获得的更大的智慧在她的世界中遨游。读者可能希望对她大喊并给她好的忠告。在现实生活中，我们不会这么清楚地知道该跟我们的朋友大声喊什么。显然，包法利夫人比大多数人更不明智地与注定要失败的未来交织在了一起。现实生活的节奏要慢很多，也允许更多的转向和退缩，而且很少给人以俯视的机会。即使当读者对现实生活及包法利夫人的生活有同样清楚的认识，

第三章
转变——故事的关键

很明显一个人的明白对另一个人来说是徒劳的。很多人不管有没有用，仍然会被拖入企图通过大声喊叫来影响现实生活的结局的状态。

体验的单元

即使最悲惨的生活，也包含许多快乐的单元

尽管悲剧性结局的不祥前景给了所有体验以戏剧化的影响，结局却很少只是悲剧性的。它们通常也不是快乐的。比衡量结局是悲剧性的还是快乐的更具说服力的是，结局和开头共同为人生的所有体验单元之间划分了界限。尽管这些单元都很近似，但是会加强持续转变的感觉，因为它给生活带来了很多新鲜感。如果没有结局与开头共享的结构性功能，会很难分辨生活的形态，每件事都会被融化在无法想象的单一性中。一句话、一顿饭、一天，都不会存在。对开头与结尾的认知甚至预感，有如此至关重要的作用，因此不再是微不足道的现象，它是将事情分离或者结合起来的方法。体验的顺序之间相互关联、相互影响，塑造了光彩夺目的人生。此刻与下一刻的这种交织，最形象化的呈现就是我们熟知的汽车引擎的单个点火器之间的联动及连续放映电影胶片的单个画面,每个单元通过与下一个单元的连接,创造了连续的运动。在类似这样的结束与开始优美结合的联动中,这些单元彼此常常变得无法区分。正如一句名言,"我死即我生"。

  这些单元非常个人化。有些人进入他们的工作场所,打个招呼就感觉交流结束了。另一些人则要聊上一会儿才算完。还有一些人有一些特别的想法必须表达出来。然而,大多数时候,人们并不想精细地感知体验的单元。当一个人决定自己吃够了的时候,对他而言这顿饭就结束了。辨别更大的一些生活单元是否结束,会更加困难,例如一次拜访、一段婚姻或一份工作。只有极少数人会注意到结局的精确节点。相反,人们会发现许多巨大的重叠地带,这些地带并非很有顺序,某些东西总是在另一些东西内部存在。首先,每个人的一生就像是一条巨大的弧线。其次,在每个人的这个生命周期内,有某些很大的单元,例如童年时期一段特别的友谊,或者在圣露易斯居住的时光。再次,人们体验着非常细小的单元,例如耸一耸肩,走一下神,或者心里"咯噔"一下。还有处在两者之间的单元——与朋友的一段对话、在公园的一次散步、给植物浇水,等等。通过所有这些体验,人们将学会同时欣赏每件事的融合及其结束的必然性。死亡是一种至高无上的结束,而且它带来的萦绕于心的恐惧,正是

第三章
转变——故事的关键

焦虑和谨慎最让人难堪的来源。然而，接纳没完没了的结束的程度越高，就会有越来越多的人能够推翻一个古老的说法——"懦夫死一千次，而英雄死一次"，而且意识到其实应该是"英雄死一千次，而懦夫死一次"。

即使是最悲惨的生活，也包含许多快乐的单元。尽管犹太人居住区遭遇了大屠杀和贫困，还是有许多欢乐的家庭庆祝活动。学生们被各种考试逼得焦头烂额，毫无退路，而不及格的人会抽时间喝一杯啤酒。一对夫妻的两个孩子一出生就夭折了，他们还是会爱第三个。忽略这些情境中的痛苦，可能是通过盲目乐观来转移注意力的极致表现。然而，为了特别关注生活中快乐的事情，无视其他看似不相干的事情，可能会使体验耽于悲剧性的意象，而这些体验本来是可以挽救使之变得更好些。一个人成长的目标是，在重要的优先选择之间获得平衡，就像是在恐怖的邻里环境中活下来，以及活在许多正在进行、毫无共鸣甚至微不足道的体验中。一次深呼吸、一个动人的微笑、一个精力充沛的瞬间、一抹生机勃勃的色彩，所有这一切都回荡在超越了更大目标的范围中。心理治疗师和小说家都把赌注押在修复这些细小单元上，因为子结构支撑着人们对美好结局充满悬念的期盼。

直线性
一些古怪的行为背后常常存在一些体验

要想将转变性体验突显出来，必须考虑到一些古怪的行为，这些行为背后常常存在一些体验。通常，一件事不会从原因到结果一件接一件简单地发生。这些事之间并没有可辨识的关联性。而且人们不会总是认同任何特定顺序的正确性。大脑是个难以驾驭的组织，而且经常对明显混乱无序的事情的存在充满热情。当这种混乱无序显露出来后，由这些事情导向的原本模糊不清的方向，就会很好地呈现出来了。这就是许多人正在奉行的信念——他们将一种潜在的智慧带入所有事情，最终将这些事情引向一个可识别的整体。说所有的东西实际上都会被揭示出来有些过分，不过，给大脑的组织反应能力以时间，让它弄懂并利用原本可能无意义和没有用的东西，却是有价值的。如果我们在连接顺序上保持灵活性，花些时间展露出来的许多事情，就会开辟出富有成效的方向。这种灵活性有三种表现形式：跳过步骤、转移目标、紧凑与松散的顺序性。

第三章
转变——故事的关键

跳过步骤

每个人都有权选择如何处理自己对"下一步是什么"的感觉

当人们特别想获得某个东西时,他们往往会试图跳过通常会采取的步骤。这可能会非常简单,就像点菜时先要一些甜点,也像没有花时间学习的木匠,或者没上四年级就直接上五年级。当人们跳过一些步骤时,他们是在按照自己个性化的步伐决定做事的顺序。实际上,如果这些人已经准备好了让自己迈出一步,而其他人可能还没有准备好,那么他们可能根本不会跳过任何步骤。每个人都有权选择如何处理自己对"下一步是什么"的感觉,有时候是被具有共性的步骤指引,而有时候完全没有这种指引。尽管共性有许多优点——安全、是集体体验的智慧、具有与其他人步调一致的和谐——但它也会对个性构成威胁。

个性化的大脑自然充满独特的连接,通常并不会有迹象表明这些连接的来源或接下来会发生什么。有时候这种松散的连接看起来很疯狂。有时候,这种松散的连接给行为打上了个人化的烙印,超出了既定的"下一步"的界限。一个找工作的人正在接受老板面试,老板告诉他,面试从高尔夫球场开始谈起会更好,对此他可能很奇怪。一位患者可能会让治疗师给他写一个计划好的治疗大纲。一个八岁的小孩子可能会走进他叔叔的房间,甚至还没有打招呼或确定他叔叔是否在听,就告诉叔叔,他画了一幅全班最好的画。在卡夫卡的《城堡》中,K一大早出发去小旅馆,走了好几个小时,到达时天都快黑了。在《爱丽丝梦游仙境》中,一切都是颠倒的。这类特别的时间选择,可能常常会使人愣一会儿神才恍然大悟,而且可能愚蠢地伤害他人的感情,但是往往跳跃思维会起到有效的作用。

以下是我与治疗小组中一位三十岁患者相处的经历。他在这个小组中,明显超越了下一步的跳跃思维,唤醒了之前从精心安排的顺序中不可能有的信息和感受。卡尔是个狂妄自大的人,谁都看不上——无论是小组中的成员,还是他人生中其他重要的人。当他说话时,他的焦点总是放在"我这个领导者"身上,其他人他都不放在眼里。当小组成员对此感到愤怒时,他吓了一跳。不过他意识到了自己对某些人很顺从,而对其他大多数人则不会。

那时候,我在抽雪茄,卡尔突然要了一根火柴为我点烟。我觉察到了他对我的恭顺,就跳过了几步,没有接受他点烟,而是问他是否愿意坐到我腿上。他躲闪着,但我的跳跃思维让他猝不及防。虽然搞不明白我为什么要让他坐到我腿上,但他似乎突然对我的邀请非常开放和热情。他还没坐上

第三章
转变——故事的关键

来，我的思维又跳跃了，问他是否曾经坐过他父亲的腿。他确实坐过。随后，故事倾泻而出。概括起来就是，他十四岁以前常常和父亲一起洗澡，与父亲非常亲近，而且在公共场合想亲他就亲他。后来，他十五岁时，父亲过世了。这种丧失感压垮了他，而且让他痛苦了很多年。他讲述这个故事时，声音特别柔和。然后我让他对他的父亲说话，他说得很温暖，既没有悲伤也没有内疚。明显平静下来后，他转向房间里的其他人，而且不再小心翼翼，他第一次能以平等的态度和他们说话了。

另一个三十岁的女人叫卡罗，正在试图跳过太多的步骤。我们的治疗任务是将她带回一个可控制的循序渐进的流程。卡罗说，她想成为伟大的治疗师，不仅仅是优秀的治疗师，更是伟大的治疗师。那要求很高。她舍弃了许多中间步骤，好像试图一口吃成个胖子。在寻找更可行的下一步切入点的过程中，我们共同认识到，她对保护隐私的需求制约了她对人们的影响力。卡罗的隐私感无形中与她的治疗目标抵触。她传递了一个非语言的信息——自我暴露是"低级的"。当她的患者接收到这样的信息后，无论她怎样刻意地鼓励自我暴露，她的鼓动力已经大打折扣，这足以使患者不再愿意完全表达出来。对于卡罗来说，有个比伟大更直接的步骤，就是成为温暖和尽可能丰富多彩的人，把阴影从她身上去除。

与试图跳过介于她现有能力水平与伟大之间的这么多步骤相比较,她现在可以走出折中的一步——将自己的私生活公开。

她迈出了这一步,告诉治疗小组成员,她的父母是大屠杀中的幸存者。她隐私的根源很快变得明明白白。尽管她的父母私下给她讲过一些地狱般的故事,但他们相信,向他人抱怨他们遭受的痛苦,会降低他们的层次。此刻,她没有再执着于家庭赋予她的高傲的含蓄,而是给我们讲了他们受到的不计其数的羞辱中的一个辛酸故事,包括她母亲被剃了头。她讲故事过程中的真诚、朴素和悲伤,本就非常感人。不过她讲述的效果,影响更深远。小组中的其他人深受她的影响,也陆续讲了他们的故事。她通过超越自身的隐私,使治疗小组的气氛开放起来了。

无论通往伟大的路有多远,这种体验会将她带入人生的另一个篇章。在她的探索中,这种体验教会了她将自己的目标分解成小单元,而且让取得的每个成功都能指引接下来的道路。并且她是否达到目标,已经不那么重要了。甚至她可能在某个时刻,不再对伟大感兴趣。她可能会变得更喜欢宁静与简单之人的陪伴,去乡下的一个地方,或者从事一份自己熟练的职业。此时,尽管追求伟大指引着她,但在她的人生中还会有许多别的向导。

第三章
转变——故事的关键

转移目标
每个想法都隐隐延续着另一个已经开始的想法

转移目标，是顺序灵活性的第二种形式，它是指从已经在发生的一切事情上突然转向。假如我在寻找一条印度产的皮带送给我的太太，我找不到我想要的那种，但是，当我发现销售人员是我很久以前认识的一个人的表弟时，我没有立即离开商店。我们聊了一会儿他的表兄，通常我应该是聊一会儿就走了，可是一个顾客进来退了一条皮带。这是一条非常好的皮带，于是我把它买下了。对我们来说，这类简单的巧事并不陌生，但不太可能发生在视野狭隘、绷着脸一直朝前冲、无法随机应变的那些人身上。当你保持开放的心态面对不期而遇的机会时，事情确实会发生的机会就增加了。

很不幸，在治疗中这种自由思维的收获非常有限，因为患者似乎坚决地瞄定了他们的目标，治疗师也经常是这样，这种狭窄的视野造成了进退两难的困境。一方面，治疗师必须尊重患者特定的兴趣并将它们锁定，尽管之前可能已经锁定了。另一方面，治疗师也有必要为似乎不可避免地变了味的东西提供新视角。当转移目标只是一种迂回战术，而且最终会转向原来的目标时，这两个目标都有可能达到。有时候这些目标转移得不同寻常，颇具超现实主义色彩，而且只是依稀与原来的主题相关，不过这些转移通常是非常自然地从治疗的主题中获得的。

阿尔玛，治疗小组的一位成员，被问起为什么她看起来很悲伤时，她说她仍然为自己六个月前的一次流产而悲伤，而且持续重复讲述这件事，毫无成果，单调乏味，无比沉重，仿佛这就是她人生的核心。实际上，据我所知，她生活中还发生了更多的事情。她的悲伤很重要且无法消除，但这是个已经反复说过的话题，就像一道煮过了头的炖菜，索然无味。

一种迂回的做法，使一切改变了。我通过问她的工作，让她转移目标，这份新工作对她特别合适，这么多年来第一次使她受到了高度赏识。原来她只是干半天或者做临时工，现在已经转成全职，有全额保险，还有其他福利。她绘声绘色地谈论了一会儿自己的工作后，我们回到她人工流产的话题上。而这一次，因为有此前的热身，她说起话来生气勃勃。她将愤怒的矛头转向本该是孩子父亲的那个男人，还有她那个以自我为中心的妈妈。当她把自己的愤怒通过语言表达出来时，她说这一次她要找一个自己愿意与之生孩子的男人。她的悲伤不再与退缩连接在一起，反而成了取代她的丧失感的一个起点。

虽然这种转移目标的体验并不是很离谱，但另一些做法却严重偏离了畅通的高速路。举个例子，想象一下，一个乏

第三章
转变——故事的关键

味又孩子气的男人跟我说,他的母亲怎样又一次让他失望。这时,我可以选择直接探询这份失望,也可以富于想象地转移目标。假设我选择了第二种做法,我会闭上眼睛告诉他,我看到了一个失去母亲的牛犊正在舔滴水的水龙头。我想对这只牛犊大喊,它需要的是牛奶,但我害怕它听不懂,于是我放弃了。然后假设我继续告诉我的患者,我是如何在一个农场长大。我挤牛奶,松土,一天劳作十四个小时,饭量很大,而且还因为受伤不得不截掉了一根手指。当我十六岁时,我感觉像是被夹在老虎钳中,于是我离开了家。我告诉他,有一天我再次想起了那个农场,很想知道是否有人还在那儿劳作,或者它是否被卖给了土地开发商。之后,当我们回到让他失望的母亲的话题上时,他完全领会了隐含在我的故事中的自由信息。于是,他摆脱了之前的惯性,能够用不同的声音谈论他的母亲了。

对于喜爱超现实主义感知力的那些人来说,恍惚的意识不太像是一种时间的间隙,更像是跳入一个神秘的顺序中。实际上,这些被称为非线性的并列并没有绕过线性。他们绕过的只不过是一个普通的线性标准——可识别的一切主题事物的评论之间,存在着显而易见的相关性。在超现实主义模式下,各种想法可能会以一种看起来无缘由的方式,一个接一个从可理解的顺序中被分离出来。不过,如果转移目标处理得很慎重，会完整地形成一个结构，每个想法都隐隐延续着另一个已经开始的想法。从一个设定的主题中转移目标并回到焕然一新的状态，确实证明了生活中完全不同的各方面之间隐秘的关系。

紧凑与松散的顺序性

  我们都生活在此刻与下一刻之间的转折点上

  灵活性的第三个机会是紧凑与松散的顺序性。顺序紧凑的时候，任何一件事的预期后果都会立即出现。顺序松散时，在事情及其预期后果之间，就会存在较大的间隙。首先，让我们来看看紧凑的顺序性，然后再看看松散的顺序性。

  我问一位患者"你在做什么"，他说"我在轻轻踮我的脚"。我紧接着问"感觉怎么样"，他说"我感到不耐烦"。紧接着我问"你现在在做什么"，他说"我踮得更厉害了"。这就是个紧凑的顺序性。如果我继续用这种方式问，我的患者就几乎没有喘息之机，那么挖掘他内心隐藏的东西就很困难，而且会让其丧失从容思考和感受的机会。我又带领他去寻找这种机会，控制顺序的天然状态，这样一种体验就会紧跟着进入另一种体验，离散的单元就会失去它们的身份。这就像

第三章
转变——故事的关键

是拷问,但事实上有所不同,我不粗暴,而且我在全力支持患者,他被迫进入了一系列诚实的觉察。由于几乎没有空间容许以可理解的暗示方式表述事情,患者可能会被直接带入简单诚实的状态。他对于所有兴趣点的忠实,在一系列自发的反应中消失,而仅仅存在于一个被精简的世界。这样做的结果是获得了方向明确的专注,很像我们在催眠或冥想中见到的状态。

所有的治疗,都会有意无意间让体验的顺序性更紧凑酝酿条件。首先,治疗师有一个敏锐的关注点,全凭双眼和双耳。由于患者在焦虑地藏匿什么时不会把想讲的讲出来,此时全靠观察,所以赌注会很大。治疗师的评论会放大患者已经讲出来的事情,而且经常会暗示一些事情将发生。实际上,暗示的这些事情比患者透露的内容更多。明示或者暗示患者做新的或害怕的行为,都会加快这个节奏。任何时候,患者的自我意识都可能会发出激烈的警报,和善的人可能会发现自己其实也很冷酷,诚实的人也可能会发现自己不坦诚,自信的人也可能会发现自己是在吹嘘。焦虑会在选择性变得难以读懂的患者和表面上看起来具有超自然力的治疗师之间的斗争中相应地增加,无处躲藏。

以下是这种治疗中让顺序性更紧凑的一个例子。在一个治疗工作坊中,一个无法认知自己魅力的女人瑞娜塔,总是抱怨自己因过多地道歉或者将自己的所作所为贬得一文不值而把自己弄得很无趣。她想让自己说的话有自己的立场，而不是努力掌控别人对她的印象。她说话的时候条件反射性地吐着舌头，我要求她留意自己的舌头并告诉我感受如何。当吐舌头这样一个平常无足轻重的动作被提请注意时，就发出了一种信号——任何事情都可能很重要，而且它发出了警报。从非线性的方面来说，她不知道问题从何而来，这也使她失去了方向感。此外，我还怀疑这个动作背后有隐藏的意义：这种怀疑越接近真相，那么这个简单的聚焦就会变得越有力。所有这些因素都影响着那个瞬间，她睁大眼睛说自己的舌头感觉很湿。我立即指出，她说"湿"的时候，似乎在暗示这是世间一种了不起的现象。然后我要求她再次吐舌头，她照做了，不过这次她感觉这样做阻碍了自己的表达力。我问她是什么使她感觉像是被阻断了表达，她说当她将舌头伸出来时，她感到脸部的肌肉缩紧了。

　　事情就这么一步步进行下去，专注于每一种体验的瞬间，强调着在松散的对话中几乎不会给予的关注。随着她进行下去，继续聚焦于体验的每个瞬间，而且描述出自己对这个瞬间的觉察。她开始发抖，比起感到悲伤或恐惧，她更多地感到了愤怒。她说有一种让人沮丧的矛盾。她感觉自己有一种莫名的固执心理，这种心理左右着她决心什么也不说，同时

第三章
转变——故事的关键

又想继续说下去。我要求她想象一下谁会知道该怎么做，她说会由"大人们"来做决定。

之后她觉察到，当她把舌头伸出来时，像是试图品尝和探索这个世界，这是"大人们"强烈反对的冒险。当我要求她尽管吐出舌头，如她所愿地探索这个房间时，她感到可以非常随意地这么做，而且对自己的舒服自在感到很惊讶。然而，赌注很快增加了，因为出乎意料，人们对她兴趣大增，更让人惊奇的是有个男人竟然说爱上她了。她觉得自己像是个"特别的人物"，而且她继续顽皮地体验了一会儿以自己为中心的感觉。

一次愉快的延伸之后，她的情绪再次转变。尽管她不想再非常轻视自己，但此刻她却是在非常重视自己，成为注意力的中心显然也使她感到不安。

她被吓坏了，仿佛自己会像气球一样飘到天上，无法再回到地面。她将这种感受与她遥远的童年联系起来，与一种恐惧感联系起来，也就是说，如果她留在"高处"，某人就会受到伤害，而她就不去做她应该做的事了。她感到有一种不样的责任感——但是，这是一种什么样的责任感呢？这种恐惧让她抓狂。很快她开始号啕大哭起来，当她哭完后，她感觉自己终于"落地"。尽管她对落到地上感到有一点点悲伤，但她发现，通过痛哭自然地宣泄这种体验，她能够挺过似乎一时间挺不过去的那些事情。我们可以寄希望她通过对自身重要性的每一种体验，她有能力感受到愉快的心情，而不用理会对无能为力的责任感的担心。

现在让我们转向松散的顺序性。通常，这种状态下紧迫感会减轻，而且可以恢复任何一件事与置身其中的更大框架之间的均衡感。如果没有松散的顺序性，来自紧凑顺序性的所有紧张而富于启发性的体验，可能会显得平淡乏味。想想松散的顺序性带来的五大好处：（1）平常；（2）准备；（3）思考；（4）内化；（5）机会。

（1）平常是对自然形成的人类参与的简单尊重，平常中自然的顺序，会随着最小限度的掌控而展开。在治疗中，一个人会说出对朋友、家庭、同事、在聚会上或基督教青年会更衣室中的某个人说的话。这种平常的谈话有助于在治疗与"现实生活"之间架起联系的桥梁。随着治疗神秘性的降低，话题的范围扩大了，而且人们会更乐意体验与自己对话这种形式的交谈。

举个例子，我的患者中有一个人在铜的交易中投了很多钱。后来铜价大幅度下跌，以至于他庞大的积蓄也快赔光了。他非常详细地向我解释了关于铜的市场运作方式，特别是印记了铜的历史价格起伏的曲线。他谈到了铜的价格与黄金、白银及美元价格的关系。他还说到了铜的库存状况及铜的工

第三章
转变——故事的关键

业用途。

  显然，此人并不打算从我这儿获得任何财务上经验丰富的想法：他在谈自己的想法时，其实是在教我有关铜的投资。我提的问题和意见只不过是新手对经验丰富的人说的，而当他说完时，他感到释然了。尽管股票市场危机四伏，通过有技巧地表达他掌握的知识，他证实了自己的专长，而且自尊心也大大提升了。在这个松散顺序性的对话中，有一个额外收获，就是他意识到了自己需要友谊，而他在移居圣地亚哥后一直没把友谊当回事。

  （2）松散的顺序性的第二个贡献是为治疗打好了基础。对许多未受过学校教育的患者来说，通常由治疗师向患者提出的那些简单问题或阐释，会让在接受治疗方面经验不够丰富的患者感到困惑或者牛头不对马嘴。即使是简单如"你现在感受到了什么？"这样的问题，最好的情况可能也会是听起来含糊其词，而最坏的情况是显得有攻击性。患者也许会非常迷惑，为什么治疗师问这样的问题，或者治疗师是指哪类感受，又或者他是在问一种感觉、情绪，还是一种态度。除非回答此问题的缘由已经在治疗情境中显而易见，否则治疗师需要为没有经验的患者打好这个基础。治疗师可以说"你的面孔呈现了一种我以前从未见过的样子。我想知道你有什么感受？"。然后患者可能更愿意回答，因为治疗师的觉察与他的问题之间的转换很清晰。如果没有这种准备,患者也许无法讲出感受,或者他们即便会讲也会带着一种奴性心态,去做似乎由权威人士吩咐的任何事情。

举个例子,如果我想让一位患者和他的父亲谈一谈,用空椅子的方式,想象他的父亲就坐在房间里,我必须考虑一个事实:这个患者可能会很不习惯,也许不情愿和根本不在场的人说话。他也许会利用良好的感觉避免做他感觉不该做的事。如果我坚信他对空椅子上的父亲说话非常重要,我可能会对他说:"请允许我告诉你,我想让你怎么做。对你来说,这样做也许有些奇怪,不过我已经知道这样做非常有价值。我知道,你的父亲不在这儿,而且我认为你也知道,你有一些事情想对他说。我认为你不能只是在大脑中思考这一切,而且我现在无法通过问正确的问题把它们引导出来。我认为如果你想象你的父亲坐在那张椅子上,而且用你想用的方式和他说话,那将会非常有帮助。"

这种准备可能会创造必要的转变性体验。也许不管怎样,他都觉得这样做很愚蠢或害怕,还是不愿意去做。即便如此,这种体验可能会为两周以后的另一种体验铺路。其他一些准备可能立即会有帮助。我可能提议我自己先这么做,如果我已经与他建立了足够的理性信任,这样就会可行。他说:"好,做吧。"于是,如果当时情况有需要,我会对我的父亲或他的

第三章
转变——故事的关键

父亲说话。五分钟过去后,他对他的父亲说出了他心里所想的。到这一刻,通过转变性体验做铺垫,与其说他的行为是出于服从我的指示,似乎更是出于他诚实的本心指引。

当然,对准备的需求,范围非常大。无畏、自信或有经验的人,对广泛的指导方针和保证没有需求。治疗师必须保持开放的态度,允许有能力的人大幅度地飞跃。不过,就像油漆工在刷漆之前必须把墙和刷子准备好一样,治疗师必须让患者对治疗师使用的步骤做好准备。

(3)松散的顺序性的第三个好处,是它为患者思考和尝试各种想法而不会被它们拖垮留出了空间。思考时间之于患者,就像彩排时间之于演员,或者一间属于自己的房间之于作家那么重要。它是内心的一件奢侈品,既不需要自我承诺,也不需要来自世界的反应。在思想的隐私中,一个人可能想弄明白为什么自己要维持婚姻,是否最好接受一份新工作,这些都是他离开朋友独自去做的事。

由于思考常常代替了感受和行动,在许多心理学圈子里思考已经有了坏名声。然而,当它被用于定位,将每件事连接起来时,它就起到了放慢快速反应下无法操控的那些事情的作用。它提供了一种均衡感,使人可以鸟瞰放大了的整个画面。而思考经常会放慢一个人的步调并缓和激动的心情,这种步调的变化可能会为新的发展做好准备。

（4）第四个元素——内化，指的是个体允许事物融入并成为其行为的自然部分。在特定瞬间的热度中展现出来的一些东西，必须被一次又一次地体验过，才会变成第二本能。例如，一个女人可能发现，在治疗室的安全场所中，很难坚持自己的观点。当然，这跟在现实的社团中不一样，在那儿，她可能被提醒，老板雇她来可不是让她干一些卑微的杂活。在这类交锋中所需的技巧、信心和良好的判断力，并非靠一堂治疗课程上的一次成功练习获得。该患者第一次跟她的老板说些什么的时候，可能是笨嘴拙舌的。经过几次成功练习后，她可能会做得更加得体。然后，某一天她就不再需要逼自己自信起来，她知道在需要的时候，自信自然就来了。

（5）第五个因素——机会，通常被忽略了，其实它是每个人成长中非常重要的因素。在心理学范围内，人们普遍认为生活中存在大量机会，而一旦患者变得思维不受限时，这些机会就会被发现和利用。然而，在这个信念中存在着一个重要的事实，世界并不是很容易就归于有条不紊，即使人们自己准备好了。学校一年只开一次学，人们可能在任何时间死去，家庭在地理上是分开的，股票市场对大多数人没有反应，所爱的人只是偶尔出现，等等。所以，心理上的一次进步可能需要六个月的付出，因为"万事俱备，只欠东风"。

一个人当然不会只是坐等机会到来，不过，由于机会并

第三章
转变——故事的关键

不总是唾手可得,他只能做立即可以做的事情,而且为丰收的到来做好准备。尽管准备就绪确实会像磁石一样吸引机会降临,会使意想不到的事情发生,但它并不是故事的全部。患者和治疗师都必须对合适的时机非常敏感。一个准备好上大学的人,可能因为不得不支撑他自己的家庭而无法立即去上学。一个新近对男人有了信心的女人,不必在她门前的台阶上找个男人。一个人准备好了换工作,但不得不等新员工来接手才能走。

大自然不会平均分配它的慷慨。对接下来发生的事——哪些事情一定会发生或一定会怎样发生,慎重地放松要求,给机会的不平等分配提供自我改正的机会。用开放的思想和时间支持一个人,创造美好生活的概率就大大提高了。

一个人的人生总是同时由紧凑和松散两种顺序性构成。人们通过调整自己的生活,把这两种方式比例适当地包含其中。举个例子,一个在洛杉矶住了好几年的女人,在乡下买了房子,声称自己再也不想在快车道上生活了。在这种快节奏中,一切都太重要,而且都得立即处理。如果她不在恰当的时间踩下刹车,她的整个人生就会改变。如果她说工作中不好的事情,她可能会被炒掉。反之,如果说工作中好的事情,就可能获得提升。她感觉在太多情况下自己不得不赶时间。对她来说,紧凑顺序性的压力太沉重了。而当环境根本不允许你留心接下来会发生什么时，一个人要想过上切合实际的生活，就会变得非常困难。举一个可怕的例子，如果从监狱出来后的十年是最重要的，那么这种顺序性确实松散得很折磨人。在某些小镇上，一些远没有这么松散的环境，表现得很明显。在那里人们开玩笑逗乐，看着油漆变干。在我们的社会中，人们的偏好经常在田园风光和都市脉动之间摇摆。他们觉得，在田园生活中，他们可以退回到一个瞬间与下一个瞬间松散的关系中；而在都市生活中，追求各种成功和错失各种机会，则成为每一张"日平衡记分卡"的一部分。对于大多数人而言，幸福只是取决于这些选择，这么说似乎也挺合理，因为是他们自己在贯穿人生的连续顺序中调整着自己的步伐。

  体验"转变"这种穿越时空的简单运动，很容易使人们在应对错综复杂的日常要求时迷惑不解。而由于这个世界上没有什么是静止不动的，除非是我们想象出来的，我们都生活在此刻与下一刻之间的转折点上。正是通过这种运动，人们才能保持活力，也是通过它，我们人生的故事才不断发展。治疗师和小说家致力于识别和强化这种不可避免的运动，即使他的患者或读者可能尚未看到它。

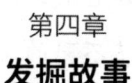

第四章
发掘故事

> 大脑中的一切如老鼠的国度。它不会死。它们只是带着这些截然不同的记忆,来回穿梭于十亿个神经元的沙漠中,放下、拿起,再扔掉……你只会找到一些碎片并大声尖叫,因为那些碎片就是你自己。
>
> ——洛伦·艾斯利《所有奇怪的时光》

对于许多可能会讲出故事的人来说,这些故事似乎是让人感到惊奇和危险的。事实上,治疗师常常会做引发幻觉的工作,试图以此引出重要的故事。在舒适从容的日子里,这些故事可能会很容易被发现,我们可能会像收集地上的石子一样将它们收集起来,而有时候它们则深藏在主人公的内心。由于治疗师通常会移情于患者的体验并乐于接受他的描述,实际上外部威胁非常小。但每个人都存在着一种内在的威胁,

第四章
发掘故事

有时候这种威胁会让人害怕把故事讲出来。

这种内在威胁的一个重要来源,是伴随着讲述某些让人高度紧张的故事而来的特别的刺激。例如一个身体被虐待的人,会因为曾经屈服于他的父亲的毒打而感觉像个胆小鬼,或者因为曾经激起别人毒打他而像个恶作剧的制造者,或者像他其实深爱着的父亲的背叛者,又或者像一个谋杀者,因为他想杀了他。这个人可能会感觉,如果他说出他的故事,他会爆发,无法控制地痛哭、尖叫,或者突然心门大开。当感觉到这些风险时,这些故事就会一直被隐藏着,直到治疗师运用敏感与创意辨识出它们的存在,并撬动适宜被碰触的那些故事。这些照亮生命的故事一直在那儿,等待着合适的启发将它们引导出来,让它们进入开放状态。

内在的威胁并非讲述故事的唯一障碍。人们也会被"从无尽的渐进发展中给有重要影响的某样东西提炼出简单的叙述"这样的难题压垮。从某种意义上说,生命在非常缓慢地流逝,而故事——即使是篇幅最长的小说——却演进得非常快。故事是一个组织媒介,它从发生的许多事情中挑选一些并赋予它们条理性。一个人问"你今天干了什么",你回答"我今天工作了一整天"。这是你对一天最粗略的总结,实际上,这一天从你早上醒来后,和妻子交谈过，在报纸上看了很多内容，有无数个念头，和许多人谈论过范围很广的话题，想起了过去的经历，设定了对未来的预期，感觉到了失望、安心、生气和希望，做过白日梦、吃过东西、开过车，等等。"我工作了一整天"只是个非常贫乏的标题，实际上，也许可以以此作为非常生动的叙述的开头。设想一下在这一天中，如果你和一位同事探讨了联手开创你们自己的生意的可能性，这件事就会从一整天所有的事情中脱颖而出，而且会为故事定下主题。新的标题"勇往直前"在众多事情中选择了一些内容，而且概括了有待详尽描述的内容。

小说家比治疗师更精通于从实际经历的大杂烩中提炼出一条故事线。普鲁斯特的小说《追忆似水年华》中的叙述者说，他还是个孩子的时候，发现小说通过戏剧化的清晰度浓缩了一生，他从此便迷上了小说。对于他来说，小说加快了他人生的进程，用快速的"精神画面"代替了渐进主义。通过将事情巧妙地加速，小说家用"比通常存在于一生中的更戏剧化和煽情的事情"填满他的页面。然而，即使是通过小说，读者也一定会对故事线的渐进发展保持关注，聚焦于细节并注意情节的进展。因此，也是从日常生活细节的聚集中，人们必须把所有的事情浓缩进一个生动且值得报告的连贯的单元。

第四章
发掘故事

　　总结需要太多的时间、精力并回忆值得报告的事情，人们会选择用标题作为指示牌，指向很久以前就被锁起来却仍然迫切地倾向于觉醒的事情。这些标题通常是他们指向的体验的替代物，而不是引子。小说中，没有故事只有标题会很荒谬，标题仅仅是一个起始点。然而，在生活中，人们普遍接受自己的故事标题，而不去细究，也不去看明白这些标题与实际体验是如何匹配的。

　　有个女人快要结婚了，但她非常担心，因为她之前已经展现出对男人糟糕的判断，她发现自己曾经与前夫有一段可怕的关系。不过，她首先可以针对此事跟我说点什么。而她所说的就是，她有过一段"可怕的性关系"——这只是一个标题，但从这个标题开始，只要缺失真实的细节，她就无法逃避。随着我们谈话的深入，她越来越清楚自己可以说出更多。很奇怪，她之前从未意识到这些事情值得讲出来。她告诉我，她的丈夫会整晚看"花花公子"电视剧，不再对她感兴趣。他患有疱疹，而且四个星期中有两个星期会通过性生活传染。他不仅在很多时候会传染，而且他不会告诉她什么时候会传染，于是她不得不对此加倍小心。至此，她所谓的"可怕的性关系"已经不仅仅是一个标题，而是明显逐渐发展成了悲惨的故事。

　　这个女人现在的男人与她的前夫完全相反——体贴、事业有成、倾心于她并很开放。但她的故事标题深深印刻在她的脑海中，以致她已经无法将自己过去的关系放到应有的历史位置上以信任这段新关系。在讲述构成"可怕的性关系"或"施虐的男人"内容的种种细节，以及新关系的种种细节的过程中，她注入了更多的现实。没有这种实质，与男人的所有关系都只会用在她大脑中随意滚动的一个标签来识别，不受她的真实体验中的变化影响。她活在带着同样的旧标题的新故事中。只要将她的标题从其故事中分离出来，她的新体验的真相就会如海市蜃楼一般。任何在自我意象中值得信任的变化，都需要在心理上记录新体验。否则，寻找一个人的现实——我可以信任我对男人的判断力吗？——就会像是猜哪只倒扣的碗下面有豆子的骗人把戏一样，因为那颗豆子根本就不存在。

将标题与故事连接起来的作用超过了情绪宣泄。通过情绪宣泄，人们可以从自己内心捕获的任何东西中获得释放；或者说作用超过了洞察，通过洞察，人们理解了他们自己。人们通常用一两句话总结自己生活中的故事，然后就忘了他们总结的是什么。首先，他们赋予自己的特殊头衔是方便的符号或指引，否则就难以理解。但是，生活中的那些细节内容，可能就丢失了。唯有再次说起这个故事并将内容与标题连接起来，条理性才可以恢复，而一种健

第四章
发掘故事

全感也就能重新获得。

　　这种对标题与事情的整合，对于接地气的生活是个不可缺少的条件。例如，对某人而言，说他是"乡巴佬"，与对他出席的会议，他和他的朋友玩的游戏，他承受的鞭打，或者迷失在城市中的他感受到的痛苦，所做的描述不一样。来寻求治疗的那些患者抽象地呈上他们自己的问题，例如"婚姻有麻烦""学业失败"或者"恐惧坐电梯"。这些标题充斥着他们的大脑，只给每个人独一无二的详尽描述留下了很小的空间。一旦独一无二的品质被恢复，标题就有可能改变——他们的生活也会改变。"婚姻不和"可能会变成"厨房里一片沸腾"。无论新标题多么迷人，不管如何重新调整方向，它们仍然不能代替故事本身。

　　导演迈克·尼科尔斯在与巴巴拉·盖尔布的一次访谈中，阐释了用标题代替细节造成的内容贫乏。他描绘了自己学生时代在演员李·斯特拉斯伯格的工作室课堂上的一段经历。两个演员在展开一段恋爱场景。当斯特拉斯伯格问那位女演员，她是如何演出自己想要的情绪的，她说她想到了一些平凡的事情——春天、渴望、爱——完全没有细节。斯特拉斯伯格唯一想知道的是，她是否知道如何做一盘水果沙拉。她被这个问题搞糊涂了，不过还是告诉了他，她会怎么做。"我拿起一个苹果，削皮，切成小块。然后我剥了一个橙子并切成小块。我可能会拿几颗樱桃，去掉核，切成小块。然后我把它们混合在一起。"随后，斯特拉斯伯格说："对了，你说的是如何做一盘水果沙拉，而在你拿起每个水果，一次一个，去皮，切成小块之前，你没有水果沙拉。你可以用蒸汽压路机碾过水果，但你不会获得水果沙拉。或者你可以整晚坐在水果前，说：'好吧，水果沙拉。'但是，什么也不会发生，直到你拿起每个水果，去皮，切块。"我们都很容易受到空洞的功能影响，演奏着没有可供谱曲的内容的抽象的主旋律。

问问题
打开每个人的独特之处

有一个历史悠久的方法可以让暗指的事情鲜活起来，就是问一些会让人想起详细内容的问题。这些问题必须出自持久的好奇心及想创造健全性与色彩的意图。如果我问你是否有兄弟或姐妹，根据我发问的方式和时间，你既可能回答得很详细，也可能回答得很简单。在很多访谈中，提问者想知道的就是对问题简单、直接的回答，不再说别的。不过，把这个问题作为邀请某人展示自我的工具，会让每个人都有自己独特的选择。

第四章
发掘故事

我们不必问"你曾经想过杀死你的父亲吗?"这样夸张的问题,尽管这样的问题有时也会引起共鸣。可以按部就班地提出问题,建立起自然的势头,并强调每个瞬间对下一步的提示。这种渐进的步骤能帮助人们体验自己的主动性,而且保持对走向清晰的高潮的掌控感。假如我问患者是否有兄弟,我们的对话会是这样。

"是的。"

"他住在哪儿?"

"康涅狄格州。"

"他住得很远,是吗?"

"是的,我只是偶尔见到他。"

"你想念他吗?"

"是的,他是个很好的聊天对象,而且我们现在在一起聊得非常好。"(暗示之前有麻烦)

"一直都是这样吗?"

"不是的,我曾经非常怕他,他年龄比我大,也比我壮。我看见过有一次他打邻居家的小孩子。那个小孩子流了很多血,大家不得不把我哥哥拉开。我后来发现那个小孩子曾经叫我妈婊子。她和我爸爸分开了,有些男人来过我家。但我不知道这事,我怕我的哥哥,只是想让自己离他远远的。"

于是,故事开始了。

在这个例子中，随着紧张情绪的呈现，故事线中逐渐聚集了一股情绪的力量，向着更重大的细节推进——暗示的窘困，暴露出来的变化，受到的暴力威胁，还有承诺了的决定。可借助的各种片断和细节填满了这个人生活的体验，也充实了治疗师的体验。仅仅用最轻微的引导，进展就发生了，开始时是一次迈一步，直到细节积蓄了动能，最终加快了详细叙述每一件事的节奏。

演员拉夫·理察森在与本尼迪克特·南丁格尔的一次会面中，说到了在准备一些角色时一个相似的探索性询问。他说："挖掘，挖掘，挖掘。找出有关人物更多的内容。他吃什么？他穿什么样的裤子？他喝什么？他担心什么？所有这些及更多你必须去了解的东西。你把自己听到的偶尔的对话，你看到的街上走过的行人，可能适合这个角色的任何东西，都往那上面添加。"

有一个仅仅关于这种挖掘过程的很温和的案例，通过在课程中敏感的提问来一步步详细叙述出故事线。

在向患者提问时，治疗师并不局限于提按部就班、范围较局促的问题，有时候也会问范围更大的问题。他可能会问人们有关他们人生中从险境中生存下来的一段时光、一个难忘的人、一件让他们感到困惑不解的事、一段青春复苏或无能为力的时光、一次营救行动、一次看着某人死

第四章
发掘故事

去的经历、一次被盗窃的亲身经历、一次激动人心的约会、第一次离开家，诸如此类。这些是普遍的主题，与这些主题相关的提问引发了许多故事，这些故事因个人生活的独特体验而生动有趣。

更多个人化的提问可能直接与已经在发生的事相连。例如，有个女人，蜷缩在椅子上，裹着似乎用来取暖的外衣。我问她觉得自己几岁了，她说自己好像十岁，然后她又详细叙述了一阵儿。十岁那年，她的父亲将她带到一个酒吧里。这是她第一次能够讲出来，当父亲带她去那儿时她感到多么特别，而且这种感觉与她和父亲在一起时的反感和沮丧，以及他们之间关系的丑陋，形成鲜明的对比。作为一个大男子主义的人，父亲一直不断贬低她，即使他有时候把她当作很特别的人对待。她一直不相信这种特别之处，尽管她具有所有特别的人应有的印记——机灵、能干、敏感——她已经让自己的特别之处变得很不明显。通过讲述自己的故事，她意识到，尽管有一些相反的表现，但她的父亲确实认为她很特别。她进一步意识到，原来朋友、老师及她的丈夫也认为她很特别。

每个整体都有局部
任何一种体验都包含着故事的素材

将抽象的东西转化成特定事物时,主题的变化是在一切体验的整体及其组成部分之间的影响中展开的。整体不一定是抽象的概念。例如,有人递过来一支烟,你的反应好像是在说"我不想抽",这是一种可以自成内容的特定陈述。在这个反应的简单整体中,包含着许多成分,这些成分可能是经过提炼和说明的。你戒烟了?如果是,戒烟过程中你经历了什么样的挣扎?抽烟在道义上让人厌恶吗?戒烟后你是否觉得清新多了?你紧张吗?你的呼吸是否变得不一样?你自豪吗?你孤独吗?你十四岁时是否被禁止抽烟?任何一种体验都包含着故事的素材。

为了赋予事情以深度,小说家特别利用了整体及其组成部分的众多体验,有时即使这些事看起来很平常。例如,说"是"的一种特别的表达方式,可能隐含着"终于"的意思;交谈中的停顿也许暗示着不安;汽车启动不了,这个人可能又要迟到了;干洗店弄丢了一条你喜欢的裙子——所有这些都会成为故事素材的关键点。这些事情可能都是同一个整体体验——例如,它们是缺乏自尊的组成部分。或者它们可能自成整体,每一件事都需要进一步的细节。所有的体验都好

第四章
发掘故事

像是一个盒子套着一个盒子，每个盒子中都盛着一个盒子，同时它又被盛在另一个盒子中。

在整体与它的组成部分之间，关注度的自然波动，会产生更多的能量。例如，在立体派绘画中，能量来自于将预期的整体形象打破成几个部分，这些部分并不是放在清楚地嵌入可辨识的整体的位置上。当观画者能够看出那些分块——以不同的角度分布的鼻、脸和双腿——然后通过他自己的合成程序重组成一个整体，他会发现这个构建过程非常让人兴奋。从某种意义上说，他和画家共同创作了这幅画。正如 E. H. 贡布里奇在《艺术的故事》一书中说的，"这只有用大家差不多都熟悉的形状才能做到。那些观画（画上是小提琴）的人必须知道小提琴是什么样子的，才能把画中的各个碎片彼此关联起来。这就是为什么立体派画家通常会选大家熟悉的图案……这样我们可以通过画作轻易选择我们的思路，而且可以理解各部分之间的关系。"同样，在分解任何体验，例如将一个人的特别之处分解成拼图（这些特别之处中包含的事情），保有一份对可重组的整体的感觉，也是非常必要的。

断开整体及其组成部分之间的关系，和压抑会断开意识与潜意识之间的关系一样。长期以来压抑被认为是造成个人组成部分丧失及能量和功能障碍的重要根源。通过认识潜意识和它受到的压抑，即使是最简单的人类体验中，也已经揭示了深度和多样性。但是"组成部分"的概念有别于潜意识的概念。在一个精细的构成中，组成部分是简单的元素，不是成因，有些组成部分刚好在意识觉知的范围内。在把注意力放到这些组成部分上之前，它们可能会被认为不重要、不相关或不合时宜，尽可以轻而易举地被记述下来。

充实一个瞬间

将体验的瞬间扩展成一部内容丰富的作品

作家比治疗师有更多的机会将体验的瞬间扩展成一部内容丰富的作品。现实生活中一瞬间的想法、一个稍纵即逝的意象或一种短暂的感觉，都可以延伸出很多页文字。通过描写他笔下人物的内心活动，通过过去的事情来解释当前的活动，甚至通过小说家自己的一段题外话，小说家可以改变任何动作的顺序。用丰富的想象力尽情绕弯子，尽管绕弯子无论是在治疗中还是在日常交谈中都更难做到，我们还是可以从小说家那里学习如何使用这些方法。

关于如何充实一个瞬间，威廉·史泰龙在小说《苏菲的选择》中给出了一个例证。史泰龙利用"一阵沉思"在一段对话的一句和下一句之间添加了一个瞬间。一个崭露头角的

第四章
发掘故事

二十岁的作家斯汀戈，爱上了一个年龄有点大但非常漂亮的女人苏菲。但她却爱着斯汀戈一个亲密的朋友纳森，于是他把自己的浪漫梦想埋藏在了心底。无巧不成书，他和他的朋友打了起来，他们偶尔会这样。但这一次，他们的关系发展到了严重破裂的程度。斯汀戈和苏菲私下里一起逃到一处沙滩上，他们赤身裸体。由于一时激动，又还在童贞状态，他倒霉地早泄了。对苏菲来说这不是问题，反正她也猜到斯汀戈还是童男，他有如此表现也没什么关系，尽管如此，她还是喜欢他。他嘴里念叨着自己还处在童贞状态。在那个有失面子的时刻，她告诉他，他有多像约瑟夫——很久以前她的一个波兰情人，已经被纳粹杀害了。

她继续谈论着约瑟夫——他的死亡之谜，他们一起去野餐，还有战争中的种种困难。斯汀戈非常震惊她会以这种方式继续她的爱情。在苏菲的一句话与下一句话之间，他突然表现出一种既严肃又滑稽的沮丧，她喋喋不休地讲了那段遥远的过去，而他躺在那儿浑身疲软无力。看起来斯汀戈的性挫败感恰恰成了他存在感的支点，至少暂时是。苏菲还在说，一整页文字绕着弯子进入了斯汀戈脑海中寂静的区域。

尽管苏菲可能没有意识到还有其他事情在发生，读者也会知道斯汀戈的内心发生着变化。这种表面与暗流之间的回响，使体验加深了。而在现实生活中，必须有非常好的时机和相互关系，这种通常难以驾驭的细节，才有可能被触及。如果斯汀戈真的把自己低声说的话插入对话中，而不是默默地记录在自己的脑海中，那么他与苏菲的关系一定会改变。如果他大声说出了只有他和读者知情的事，苏菲与他的关系可能已经达到了新的状态，而且可能已经脱离了她自己的需求——追忆约瑟夫。也许那样对她更好。如果斯汀戈迫使她关注自己的气馁，而不是离世多年的约瑟夫，也许会给他更大的力量和自尊。这可能都仅仅是我们的推测。无论如何，要想用语言表达他散乱的思想，斯汀戈需要比平时更大的自由。这一点很清楚。

治疗中，尽管充实一个瞬间的机会不像小说中那样多，但也比日常生活中多。一个人对目标、线性、连续性及人们之间的联系的要求没那么严格，而且可能会反过来搜寻任何体验的要素。与艾瑞斯开展的治疗活动，证实了这种探索的自由性。在与治疗小组其他成员的相处中，她体验了一种莫名其妙的缺失，那个"触点"失踪了。无论经过多少温暖的交流，在她和他们之间一直存在一种断开感。他们告诉她，他们喜欢她的全神贯注，她似乎非常理解他们正在谈论的事情，她的那种吸引力非常特别——不是很漂亮，但还算赏心悦目。艾瑞斯着重表现了平时昂首挺胸的那种样子，思索着自己听到的话，接着满是戒备地说："你说不漂亮是什么意思？"这句简单的话及一闪而过的表情，很可能像大多数瞬

第四章
发掘故事

间一样，轻易就溜过去了。但艾瑞斯对"不漂亮"这个潜台词的关注，引发了她关注漂亮的一大堆描述。她对此非常困惑，以至于这一点从未远离她的意识。

整体来说，艾瑞斯的父亲是个好人，曾经想让她成为选美皇后，就像她妈妈那样。尽管他认为她长得更像他，而他从来都不喜欢自己的长相。而艾瑞斯认为自己长得挺吓人的，但她想让他认为她很漂亮。他从来就不认为她很漂亮，于是他们的意识从来就没有连接在一起，总是缺少点什么。最后，艾瑞斯彻底放弃了对生理上漂亮的盼望，否定了她的父亲关于漂亮的价值观，而且转而力求精神上变漂亮。他人所指的生理上的漂亮，激起了她的愤慨。这种课程上，只有"有用"才最关键。她开始转向粗暴地评价他人，按照自己的标准判断谁没有做到"有用"，于是她成功让自己摆脱了想变漂亮的抱负。

觉察即信号

没有敏锐的觉察，人们将失去对现实的直接认识

觉察是人类体验的一个简单而基本的元素。它在简单感觉层面上起着信号的作用，告诉我们是冷还是热，是害怕还是平静，是情绪来了还是身体病了。它还可以在一个复杂的层面

上，强调我们对工作、城市、伙伴或生活方式的态度。小说家和治疗师都受托帮助人们恢复失去的觉察，或者强调觉察，以使其成为任何人生活中各种行为的有效和有益的搭档。他们通过自己的手段做到了这一点，但都需要关注人们可能被忽视或者隐约认识到的那些大范围的体验。通过加强觉察，人们能够做有针对性的个人选择。这些选择的范围包含了符合个人需求的方方面面，例如从选择只在饿的时候才吃东西，到选择一个伴侣或者找工作等。觉察、敏锐或迟钝，很像成像清晰度不同的照相机：成像清晰度越高，可供选择的基础就越可靠。

举个例子，假如一个人在与朋友交谈时没有觉察到朋友已经很厌烦这个话题，没话可说了。他继续说而不是停下来，结果一段前景很好的谈话变得毫无意义。两个人终于说再见，却感到隐隐有些不舒服。但他们忽略了这一点，毕竟人并不需要总是开开心心的。然而，他们错过了他们自己的觉察的敲击声。如果意识到并承认疲劳，就是为好朋友做了件暖心的事，而如果他们都关心对方的厌烦情绪（为什么不呢？），那么他们本来可以预先停止说下去——或者注意到了疲劳，可能就会重新将交谈引向充满活力的状态。相反，他们维持着苍白的体验，几乎就像是通过否定自我送给彼此某种礼物！

最后，当对觉察的忽略变得习以为常时，人就会陷入模糊状态。没有敏锐的觉察，人们将失去基本的确认功能，以

第四章
发掘故事

及对现实的直接认识。对小说家而言,创造这种确认感和现实的过程是稀松平常的事。有一个例子,出自玛格丽特·阿特伍德的小说《神谕女士》。小说中主人公琼不得不逃走,她安排了自己死去的假象,然后从加拿大逃到了意大利。在喝了一晚上酒之后,她在一家小旅馆醒来:

> 我第二天早上醒来后,愉快感荡然无存。我没有酒醉后醒来的头痛和不舒服,但我也并没有想突然起床的感觉。沁扎诺酒的瓶子在桌上,空空如也。让我感到不祥的是,我不记得自己喝光了它。亚瑟过去常常跟我说别喝那么多。他自己并不是个大酒鬼,但他有个习惯,时不时往家带一瓶酒,然后忘记将它放在了我能看到的地方。我猜这就像为他而设的小孩子玩的一种化学反应装置:他喜欢偷偷把我搞糊涂。他知道会有让人兴奋的事发生,尽管他从未确切地知道那会是什么,或者他想什么:如果我早知道,事情就会好办多了。

琼通过关注自己的觉察,不仅使隐性的思维方式显现出来,还被带着超越了自己的直觉自我,和读者一样认识到了自己生活中的许多要素:亚瑟、酒、秘密目的、健忘、回想、困惑、有关麻烦的暗示、情绪的变幻莫测，等等。只是用几句话，就创作了一幅丰富多彩的体验之画。虽然只不过是一个段落——而且很可能随着故事的发展很快就被忘记了——但是，当每一种认识混入下一步再下一步，这些细节就为接下来的一切做了贡献。

我们把琼的陈述与治疗小组的一个成员南茜所说的下面这段话做个比较：

> 今天我感觉很滑稽。我真的很小心谨慎。我压根儿不想待在我所在的地方。每次我想到工作（治疗性的），我的心就开始狂跳……脑海中涌出很多事情——我有过很多次在台上的感觉。我内在的那个人想待在家里，傻傻的。我说得越多，就越惊恐。这与我和汤姆之间一些未完成的事情有关。（汤姆是她的同事，也是小组的成员，他也在场。）

虽然不像阿特伍德笔下的琼说得那样丰富多彩和触手可及，但这里还是有充足的暗示，提示在南茜的生活中发生了许多戏剧性的事情。她太害怕了，以至于不敢毫不犹豫地说出是什么事情，也许她根本不知道是什么事情。在小组中，南茜不停地这么说，因为她不觉得有什么"重要的事情"，她

第四章
发掘故事

像个小女孩,而且因为吓坏了,她感觉"第三次世界大战可能将要爆发了"。这些意识不会在一部小说中飞扬,这些陈述也不会让小组成员多关心南茜。对她有用的是,她处在第一手体验中时,她跟我和小组其他成员待在一起,而且我们都很了解她。这种亲密感补偿了她具有提示作用但尚未成形的想法,以及她狂跳的心脏所宣示的至关重要的担忧。

然而,随着稍稍地公开表达后,南茜突然感到了平静。我告诉她,我很遗憾她这么快就克服了焦虑,因为我在期待这种焦虑会指出通往某个方向的道路,这一方向对她来说很重要。她的焦虑中一定包含更多内容,否则所有的大惊小怪意味着什么?就像是一些电影中,观众听见不祥的脚步声接近一幢房子,而结果来的只不过是个卖报童。

南茜没有想到我的反应是这样的,因为她相信人们更喜欢平静——但我的反应让她重新审视了一遍自己。当她意识到自己忽略了什么,她很快显得很反感。她很生小组中另一位成员伊万杰琳的气,因为伊万杰琳尖酸刻薄地谈论了她的邻居。南茜认为伊万杰琳不够"宽容",实在太坏了。她猛烈地抨击了伊万杰琳,说伊万杰琳傲慢自大。过了一会儿,她又贸然走到汤姆面前,说他对她冷若冰霜。实际上,有关她与汤姆的故事,才是主要的事情,就像她在开场白中已经预示过的。她想让他平等对待她,但由于他对她很生硬,她已经勉强地接受了他们之间让人不满的距离。她告诉他,当他态度生硬时,她就会很固执,而且不想跟他合作。尽管南茜将自己的感受告诉汤姆时很焦虑,他却很感兴趣地听着,而且承认不喜欢她的固执。但他从未感到自己能对此做点什么。既然已经面对了内心的恶魔,南茜索性继续告诉他,她有一个梦想,就是他们在一种自然、充满爱的关系中一起跳舞,非常简单,非常温暖。她说自己没觉得有性暗示,但一直害怕他会这么认为。相反,她只是觉得与他很容易平等相处,而不是一段饥渴的性关系。这一次,通过成功地面对汤姆,而不是忽视,她平静了下来。

指引性意象

将各种体验组合在一起,照亮我们的道路

尽管每个人的体验都是独一无二的,但一些具有共性的线索还是可以识别的。在现实生活中,这些线索也许从未像在小说中那样有清晰可辨的模式,却是对重要体验领域的简要阐述。在最好的条件下,这些主题可以作为治疗的切入点。例如,一位患者有一种清晰的模式,就是他描述正向体验时会用负面的语言,例如,看见一位很有魅力的女士,他会说

第四章
发掘故事

她"并非没什么魅力";他会说自己"与那些伟大的律师比起来还不赖",而不是说自己是个优秀的律师;他会说自己"并不是十分需要",而不是说上这个治疗课程非常令人兴奋。一点儿都不意外,他很虚弱无力。在一个人的人生主题——"在此情况下习惯性的负面"与他身上新发现的问题——"虚弱无力"之间存在着一种有机结合体,有助于处于各种猜测中的治疗师了解患者在如何经营他们自己的人生。

小说家也很忠实于这种连接。如果他看到一个角色时运不济,写出来的故事就会与他意识到这个角色有固执的性格时完全不同。有个很合适的案例,约翰·加德纳在《成为一位小说家》一书中讲述了自己的小说《十月之光》中指引性的形象。他说自己想写一部关于新英格兰价值观的美德方面的小说——"好的手艺,独立,坚定不移的诚实,等等。"只要行为能配合这个形象,就很合适。然而,由于加德纳深深地陷入了故事中,他开始意识到自己笔下的角色不再像他的指引性形象要求的那样表现。在他这一方没有任何意图的情况下,他的角色变得邪恶起来。兄弟姐妹们彼此不许对方进入他们自己的生活,甚至一度试图残害对方。对于加德纳来说,要让事情的实际发展保持真实,他原来的指引性形象就不得不为有机统一服务,并屈服于发展中的事实。尽管美德也许一直是他的初衷,但是,一旦事情与美德背道而驰,指引性形象就会变成伴随以自我为中心而来的固执和疏离。治疗的首要作用之一正是改变患者一直在忍受但目前已经过时的这类指引性形象。

有一个关于改变指引性形象的例子，这个例子涉及一位35岁的患者。她是一个精力充沛、独断专行的女人，同时又极不协调地具有依赖性和焦虑。在她需要关注和保证时，她会变得让人无法忍受地以自我为中心。这种依赖性与以自我为中心的组合让人生厌，它主宰了我对她的印象，让她成长背景中的一些经历突显了出来。她的父亲在她五岁时突然去世了，不过奇怪的是，她的家人对她隐瞒了这件事，大概是不想让这件事成为她的负担。他们告诉她，她的父亲病了，或者他在旅行。当然，维持这个谎言是不可能的，尽管她无法说出自己是怎样发现真相的，她的确好长时间都感到非常困惑。

有一天，我写了一份关于她的概述，更像是我在自由联想，而且我写的概述转变了我的指引性形象。在概述中，我对这个女人依赖性的印象已经改变，把她看作一个虔诚、慷慨的女主人，她遵从她家人的意图，在心理上让她死去的父亲一直活着。以下就是那份概述，写于与她针对某个让人费解的梦的开始治疗工作之后：

第四章
发掘故事

梦里的脏东西,即她过去的悲痛,在她的内心徘徊。清除它的机会出现在梦境之外,就在她面前,但她的父亲不允许自己这样做,因为他随后就会消失在过去,化入普普通通的尘埃中。相反,他寄居在她的大脑中,貌似拉着缰绳,希望她的爱会让自己看不到这种搅扰。很久以前到来的死亡威胁改变了他,使他决心拥有一个熟悉的、永久的栖息地。

他警惕地环顾四周,他根植在她的大脑中,并从她的大眼睛里凸出来,看起来他非常害怕被发现的那一刻到来。她已经忘了是她供养着他,她充当着他脉搏的女主人。她总是在寻找他过去的那种慷慨本性,希望压制自己大脑中现有的丑恶感觉。他被侵犯的羞耻感一直用一堵谨慎的墙包围着,这堵墙既不透明又摇摇欲坠——她的自由只是勉强得到了保护,她终于想远离他家庭的牢笼了。他们只是需要立即看看那里,那里的光辉重新照向她,而余晖照向他。然后梦想破灭,生活可能会重新起起落落。

从这时起,我将她看作慷慨的女主人,而不是有依赖性的自恋狂,这一点帮助我们共同创造了她的故事线上的一个反转。从这个新视角出发,我们一起把她作为社会工作者、政治活动家，以及尽管可能过度殷勤但可以信赖的朋友的种种体验考虑进去——所有这一切扩展了对她的慷慨的认识，而且增加了对她的独立存在的确认。接着最重要的领悟出现了。在她与她丈夫的关系中，她表面上装作很依赖他的虚假地位，实际上一直在支持他。经过一段时间痛苦难耐的不确定性的折磨，她最终摆脱了这段婚姻，而且为了自己远大的愿望继续前进。

指引性形象的一种特别形式是隐喻。隐喻将一个人生活中大量的内容合并成一个简单、有代表性的画面。这个画面会强调一个引人入胜的主题，而且在合适的时机，将画面背后的故事释放出来。举个例子，有一次，我注意到一个忧郁却留着特别时髦的络腮胡子的男人，他穿着一件宽条衬衣，还提醒我说，他是个刚刚从监狱里被放出来还没来得及换衣服的盗贼。当然，他并不是个盗贼。然而，交谈了几句之后，他告诉了我这个以前留下的心灵创伤。当他还是个孩子时，他的父亲一直企图杀害他的母亲。看起来，他的父亲和母亲一起自杀了，但他的父亲活了下来。不过，父亲的说法没有被接受，于是他被以谋杀罪起诉，但最终被无罪释放。尽管这些经历显然对这个人非常重要，但如果没有他"囚犯似的衬衣"产生的隐喻，这个故事很可能仍然无从说起。

另一个小组中的一个人戴着一条纯白色的包头巾，头巾

第四章
发掘故事

高耸在他头上。他是个肤色白皙的人,有着圆圆的双颊和一副邻家男孩的模样——当然,你肯定想不到能在包头巾里看见一个人。事实上,他看起来仿佛被逮住放进了包头巾里。我告诉他,他让我想起了牛仔竞技场的一头小牛犊,被一大卷白色纱布捆着,一个牛仔在它头上缠了一圈又一圈。

出于好奇,不知把他的包头巾戴在我的头上会是什么感觉,我问他是否可以戴一下。他同意了。我喜欢像圆屋顶一样的包头巾带给我的复杂的存在感。对于他而言,这是个尝试一会儿不戴这个包头巾的机会。在接下来的一年内,他经历了一些动荡,最后终于成功地在世俗世界取得了成功。

这些故事线中隐喻性的介绍,再现了天真地想象的意象与关键体验之间让人吃惊的巧合。有些人可能会说,是超感觉的力量在起作用,使得治疗师仿佛可以通过一个超自然的潜望镜看到一个人思想的每个角落。然而,协调意象与自然发生的事实,同样很可能是治疗师与患者共同努力的结果。隐喻必须敏锐地与患者可以观察到的真实特质产生共鸣。穿着监狱条纹衣的络腮胡子男人,看起来确实如我描述的那样——这个戴着包头巾的无辜之人,实际上也流露了他内心的矛盾。一旦实现了这种诗意的忠实性,隐喻的概括性语言就会给患者提供机会,让他挑选出与隐喻产生共鸣的那些人生体验。治疗师并非在预言人们的人生,好像千里眼可能会做到的那样，而是给了患者一个框架，在此框架内让一个人生故事与治疗师的感知相协调。

指引性形象可能具有短暂的可见性，或者可能一遍又一遍地出现。举个例子，一张阴冷的面孔可能只是暂时的，表明了最近正在发生的某些故事，例如与一个朋友争论——或者这也许是一个主题，此主题已经决定了一生中的大部分经历。无论在哪种情况下，指引性形象的任务都是将体验组织起来，通过不明显的介质释放到表面。指引性形象体现了人生一个有待随着生活的进程检验和修正的推测。这种隐喻散发的主题之光，有助于减少不相干的体验造成的混乱。混乱体现了至高的纯真，也抹掉了所有的视角。在这种混乱中，有许多值得欣赏的东西，不过在健康的功能下，所有体验会自动归入将各种体验联系在一起的分类下，照亮我们的道路。

遗憾的是，这些分类中存在着许多滥用现象。尽管分类也许是清楚的，而且无可厚非地热切期待着让每一件事呈现出它自身的优点。常见的分类错误，在以下情形中很明显：种族隐喻中，对待所有成员都一样；僵化的组织架构中，忽视个体的工作技能；胶着的谈判中，每一方都固执己见；诊断中，把各种症状混为一谈。很明显，假如某个人被任何特定的指引性形象驱动，从而忽视了与这个形象不协调的东西，这个人最后会成为心理扭曲的人。

第四章
发掘故事

从故事中引出故事
让讲述者消除隔阂并减轻焦虑的程度

构成故事线发展的所有激发因素的基础，是信仰故事呈现的价值观。许多人并非与生俱来拥有这种信仰，但是，当他们发现门口的擦鞋垫不见了时，他们的故事就来了。这种信仰并不需要讲出来，它常常通过讲故事这种简单的事实很好地传达出来。一个故事会带出下一个故事，就像吃花生。举个例子，有一次，当我在一大群观众面前讲一堂示范性治疗课程时，一个叫简的女人自告奋勇要配合我的工作。当我问她，她希望从这堂课程中收获什么时，她说她想让我了解她。我正在迷惑，她可能想让我了解什么？我的大脑中飘过我的小学老师的一个故事。她长得很漂亮，我非常喜欢她，但她不太可能太多地关注我，因为我非常害羞，在课堂上几乎一言不发。尽管一到下课，我就完全活力四射，在操场上、街道上、家里，我都玩得仿佛自己在世界上没有任何限制。我偶尔会无限惆怅地想，如果我的老师能够了解我在这些环境下的样子，我该多么高兴啊。但是，她从未了解过。

简说，这个故事让她感到非常难过，因为这也是她故事的一部分，就像她说的，"真的很害羞"。她在学校的经历与我的经历很巧合，但并不普遍。在共性上，自信往往对讲出可能被认为不相干的其他体验,起着鼓励甚至激发的作用。我的故事刚好切中要害并触发了简,让她从和我一样的主题开始,讲出了她自己的故事,但是细节与我的人生中的任何经历大不相同。她继续说到,即使是幼儿园的记录都说她非常害羞,而这一点一直在她的记录中,直到她高中毕业。"所以,我在十五年时间里,一直很害羞。"

基于一些不太明显的原因,谈论简的害羞,使简回想起了她自己的养祖父母生活的农场。想起他们,她感到很难过,现在他们已经去世,农场也已经卖掉了。她的养祖父是一个丹麦移民,过去走路时常常把手背在后面,而简跟在他后面。尽管他是个不错的人,但他周围的女人总是指责他从来没干对过什么事。其中一件事是他没有赚到足够的钱,另一件是他鼾声如雷,每个人不得不赶在他睡觉之前睡着。而他有一双不可思议的手,简还记得他温暖地抚摸着她,还有当他去世时,她自己深切的感情及邻家男孩哭得有多伤心。

然后,在讲出自己的故事的时候,她转而想对他大声喊出来,他是她认识的唯一的祖父,还有她后悔从未告诉过他,她有多么喜欢他的抚摸。此刻,她感觉到了与他强烈的连接。对她来说,这一点非常重要,甚至我是否了解她已经不再重要。从某种意义上说,这是个很好的解决办法,让她如此清晰地感觉到自己的连接,她暗示想了解的故事也被对关

第四章
发掘故事

系的信任取代了。然而，还是缺少了点什么。她看起来舒服了，但仍有所保留，这与她正在描述的强烈情绪不符。于是，我请她允许自己更进一步放开。否则，她可能就会放弃这个故事而不是把它讲完。当我建议她放开时，她意识到自己想唱歌，但感觉太害羞而唱不出来。我只是轻轻用手肘推了她一下，她就说自己想唱一首阿巴拉契亚民歌《我在漫步中思索》。她想用她常常唱给她的孩子们听的方式唱给我听。她以让人心醉神迷的优美动听与温暖唱了出来——这是一份特别的礼物，给我，给现场所有人，而且通过暗示，给了从未对她说过爱的祖父。对于一个害羞到让人痛苦的人来说，能够在大庭广众之下唱出自己的歌，明确地证明了她自己成年人的勇气及根本的自尊。我讲的有关我羞怯的故事，产生了健康的感染力，成了故事讲述的丰饶来源。

　　同样的感染力存在于集体治疗中。一位患者的故事会轻轻触动正在其他人内心酝酿的故事。一个相互关心的团体，会围绕着了解其他每个人一生中的经历而成长，从而挖掘出平时可能被忽略的丰富性。有个男人，叫富兰克林，他感到惶恐不安，因为他认为自己对小组中另一位成员的故事具有非常强烈的共鸣，以至于他感觉很不协调。他并不认识这位成员的故事中的人。那么，为什么他会这么强烈地受感染呢？不协调感成了他的主题，在他身上到处投下阴影，而他最终讲出了自己主要的不协调感。作为一位白人，他却是一个黑人男孩子的父亲。

他的妻子在他们度蜜月时告诉他，她怀孕了，孩子可能是他的，也可能是曾经与她上过床的一个黑人的。他目瞪口呆，而且被吓到了，不过他还是选择了继续和她在一起。孩子出生了，是个黑人，那时无法安排收养，富兰克林和他妻子就留下了这个孩子。后来，他和妻子离婚了，他还继续参与抚养这个孩子。富兰克林非常喜欢这个孩子，现在孩子十六岁了，说起他的黑人儿子的好，他完全是发自内心的。在他的眼里，这个孩子是一个充满力量与宁静的梦想。在讲述自己的故事时，富兰克林的不协调感消失了。他之前认为的不协调，只是他所害怕的比他所能承受的要多。实际上，他能承受很多，无论如何，他人生中四分五裂的碎片似乎很好地拼到了一起。

富兰克林的故事及本章中其他的故事，普遍有一个特别的功能。它们有助于详述这些人赖以生存的粗略印象。每个抽象的概念——无论它是不协调、伟大、害羞，还是其他对体验的快速总结——都充当着细化体验的引子。每个概念都点燃了治疗师的好奇心。一旦这份好奇心被患者感觉到，在某种意义上说，他们就会成为老师，教导治疗师他们是什么样子的。看到这些知识被治疗师用语言、手势和关注等反射

第四章
发掘故事

出来，患者也可能更接近于了解自己的真相。

所有这些故事都缺乏意识，它们没有一个是来自异乎寻常的深层猜想。简单的提问、简单强调某些词语、简单的故事前奏及简单的刺激，都是用来让故事节奏松弛下来的方法。而在每个案例中，故事的讲述会让讲述者消除隔阂并减轻焦虑的程度。

当然，单个故事通常不会充实其暗指的故事的多种可能性。例如，富兰克林很困惑不协调带来的烦恼，通过谈论他的黑人儿子，这种困惑得到了认知和缓解。但是，要想让他充分地审视对不协调的担心，可能需要他讲一些与其他体验有关的体验。也许是厨房中充斥着脏盘子时，他母亲冲他喊叫，让他整理他的房间，也许是他痴迷于一台喧闹的电视节目时，她却唠叨着让他去学习，又或者她在他根本不知道自己做错了什么的时候揪他的耳朵。每个抽象的概念仅仅是一个摘要，而要想使主题更充实、具体，就可能需要许多故事。

不仅仅是治疗师和小说家对故事线很敏锐，每个人都可以做到。所有的交谈都包含着有趣的故事线：我们要么讲我们自己的故事，要么引导他人讲他们自己的故事。这可能看起来不自然，实际上是最自然的事情。孩子们时时刻刻都在这么做，讲自己的故事或者要求别人讲他们的故事。根据德克·约翰逊在《纽约时报》上的报道，在一次讲故事大会上，一位儿童图书管理员琳达·尼尔·博伊斯说，故事"告诉我们，我们曾经去过哪里及我们要到哪里去。故事也告诉我们，我们是谁"。亚历克斯·海利在同一次会议上说："一个老人死去，就像一座图书馆被烧毁。"要挖掘这些富饶的储备，任何人可以简单操练一下自然产生的好奇心，都想多知道一点任何主题。这样如饥似渴地倾听，会让我们把所有想讲的故事更顺畅地讲出来，很不情愿讲的除外。

第五章
意义中的韵律

> 康拉德、哈代、纪德、加缪……他们的小说都为人们进行内在的探索提供了指引。
>
> ——杰罗姆·S. 布鲁纳

弗洛伊德通过对心理学深层世界的突袭，揭示了最简单的体验中的大秘密。通常，我们只看到了一件事的表面价值，但他精准地指出了从平常事情中看不见的意义。从那以后，事情再也没有这样的单纯了。

对心理治疗师而言，精神分析开启了隐藏意义的钥匙，为获得治疗机会打开了更广阔的世界。事实上，大多数心理治疗师，无论是不是弗洛伊德流派的，都成了新世纪的侦探。在与他们的患者交流时，他们不必因丝毫没有察觉明显的自我挫败行为而无法展开治疗。有了解码行为的方法，他们已经能够更多地理解自己面对的情况。看见生活中多层面的欣喜让人陶

第五章
意义中的韵律

醉——患者的欣喜一点儿也不亚于心理治疗师。他们都在散布着消息，在社会上播下种子，让大家意识到一朵玫瑰可能不是一朵玫瑰，又不像一朵玫瑰，而终究不是一朵玫瑰。

遗憾的是，当这朵玫瑰不再被视为玫瑰时，正在体验的大脑可能就绕开了。让我们看看企图刺杀里根总统的那个年轻人，他说自己仅仅是想向一位电影明星炫耀。炫耀，当然不是罪行。他想这么做，在情感上甚至是无可厚非的。以"他如此激烈地自作多情，一定是疯了"为前提，这位刺杀者被陪审团判定无罪，尽管他至少让一个人受重伤并危及他人，包括美国总统。很清楚，在这个案例里，枪击别人这么明显的事，被它的含义——"他以这种方式炫耀真是疯了"——缓和了。

事情与意义之间的争斗，已经被认为是每个人生活中惯常的动力。一分钟讲一个笑话的人，据说是渴望爱和掌声；要求卧室整洁的母亲，正在重复她们自己的如厕训练；竞争意识强的商人，是在试图推翻他们的父亲；而利他主义者，是在获得一种优越感或者减轻内疚感。普罗大众，特别是心理治疗师和艺术家，被强烈地诱导，很快地去查看每件事情背后的意义。他们被诱导相信任何事情背后的深处都可以触及。

想一想，我们倾向于对平常体验进行心理分析的结果。我的一位患者报告了自己与朋友之间不愉快的交谈。她已经告诉他们，尽管她在圣地亚哥住了很多年，但她还是想念从小长大的东海岸。这是个足够简单的陈述,而且很容易引导她进一步详细阐述她在两地的经历。可是,有个男人很快开始解析她话中的含义,却对展开的故事毫无好奇心。他知道,她住在她丈夫与他去世的前妻生活过的那座房子里,而他告诉我的患者,她真的不开心,因为她住在一座折磨自己的鬼屋里。由于她仍然住在这座房子里,当然会有些幽灵似的元素出现。但她被这种自我肯定的解读吓晕了,武断地拒绝了自己的真实体验,认同了"认为有这种体验意味着什么"。

我们不考虑他对这个女人的假设是对还是错,对这个男人而言,他缺少的是我的患者察觉到的东西,也就是两岸之间的实际情况不同——什么能让她高兴,例如,她在东海岸成长的喜悦和她现在错过的东西。还有被忽视的是,她有意识地选择暂时住在这座房子里,是因为其经济上的优势,也因为她十六岁的继子需要这座房子带来的稳定性和连续性。这些实用性和同情心都有其应有的贡献,不管这个女人决定留在这座房子里是否明智,或者她是否试图殉道。假如明显的实用性和同情心被抛弃,取而代之的是这个女人所谓的真正目的殉道——天真的觉知就处于次要地位了。当这种事经常发生时,就像在心理学界那样,我们就有了让人抓狂的困惑感的基础。我们如何识别什么"'真正'是"而什么只是"看起来是"呢?

第五章
意义中的韵律

自由表达

尽管某些隐藏的意义未被破解，但已经存在于每个人的行为中

精神分析贡献的最能够全天候自由表达的工具之一，是自由联想。从日常交谈中对语法、目的、道德和逻辑的要求中解放出来，个体可以把含糊不清的联系在一起的想法串联起来。这些想法可能有点儿神经质。不过，一个人自由联想的"精神质"只是暂时的，只要有一个轻微的意念闪过，他就会回到可识别的语法中。

早期的精神分析师和他们自由联想的患者现在已经意识到，通过这种特殊的思想联系，某些象征性的所指，普遍被揭示出来。尽管这些暗指可能是模糊的，但它们常常为渴望深层意义的那些人想象出一片富于启迪的绿洲。这些新鲜洞察的诱惑力，因许多患者充满灵感的发现而增强了。不过，在最坏的情况下，有些东西看起来简直太晦涩，根本无法理解。即使是最暗淡的连接，通常也被解析转化成了特定的意义。

在心理侦探的时代，大家想当然地认为，尽管某些隐藏的意义未被破解，但已经存在于每个人的行为中。一个人只要以夏洛克·福尔摩斯的方式跟踪那些线索，就可以找到它

们。一个年轻人一会儿说像杯子一样可爱的黄水仙,一会儿说讨厌火车穿过隧道,那么我们就会获得一种暗示——导致这个年轻人阳痿的是其恋母情结。这种根据推断所见所闻从而找出心理谜题答案的切入方式,可能在认知上让人兴奋并经常导向必要的启迪。然而,它只是考虑到了当下的事情与过去被掩盖的那部分的象征性关系——这只是一种可能性。另一种可能性是,作为这种侦探方式的备选方案,是跟随具有象征意义的当下,向前走向未来。随着故事的展开,各种意义尚未形成,因为当下的事情推动着人们采取新的行为。新发生的事情和不断演变的意义不仅仅是新发现的旧事物,它们之前从来就不存在。这就好比掀起一件盖在一块已经烤好的馅饼上的布与从头开始烤一个馅饼之间的区别。

这里有一个有关象征的两个选项的治疗案例——到通过揭示已经形成的过去,或者向前跨入尚未构建的未来,赋予一件事以意义。假如某人与他的治疗师一起笑,就象征着允许在成人世界像孩子一样玩耍。如果回头看,这个象征可能指的是过去的幼稚行为——这种行为在五岁以前是被允许的,之后就不被允许了。洞察这种不允许并记住和接受更早一些的自由,让患者对这种笑敞开心扉。或者,选择另一个选项,一旦这种笑被激发,可能指向前方,并不考虑已经发生的事情,预示着将要笑的更多机会。与此类似,不关注任何已过

第五章
意义中的韵律

去的事情,也会有许多其他机会,例如,一个年轻女人能够发现,一系列新的行动之后,她的父亲前所未有地欢迎她;陌生的性行为并不像她所想的那样是邪恶的;或者领导力不再超出她的能力范围。很简单,对每个人来说,意义都可以获得,也都有帮助,它们可能来自过去未知的既定事实或持续体验的灵感,来自新的可能性的一个抽象概念。又或者,在其他许多情况下,意义可能根本不重要。

不仅仅是在心理治疗师及艺术家之间,这种多样性地看待意义的方式,一直是被广泛探索的主题,而艺术家对于将事情与意义之间为人熟悉的关联断开贡献巨大。在对自由联想进行探索和对自由表达保持警觉的同时,他们发现自己的思维确实具有可塑性。他们发现的可塑性,赋予了具有最基本体验的一些感知者以新的自由度。最具代表性的如达利的画中熔化的钟表、毕加索的画中如固体形状的影子、贝克特笔下在不稳定状态中等待的人及乔伊斯怪异的句法结构。相对而言,相对论增加了它对特定现实的超越性,说明了真理依赖于个体自身的立场。综合考虑所有这些观点,很明显,任何事件的意义,取决于观察者的视角,并不是像蝴蝶标本一样被固定下来。因为一切都不是它表面看起来的那样,它还可能是许多其他的东西,这些可能就成了可以考虑的新主题。

尽管弗洛伊德通过给微不足道的事情注入意义，以提升我们对事情与意义之间的韵律的兴趣，但我们这个时代的艺术家却一点儿也没有同样的动力去探索事情清晰的意义。他们中有很多人走上了另一条路——寻求从意义中解脱出来。对于19世纪末20世纪初的一些艺术家而言，形式排在第一位，而主题或意义排在第二位。例如，惠斯勒就认为形式优先，他把自己为母亲画的肖像称为"灰与黑的排列"，不过你仍然能认出那是他的母亲。

在新的艺术形式中，意义通常很难被发现。有时候，特别是近年来，甚至这种晦涩变成了时髦，一部分原因是艺术家有意消灭熟悉的意义，而另一部分原因是人们轻信可以通过努力假装不在乎意义，以保持新潮。还有些人宣称，艺术家只关心纯粹的表达：这其实是在说，他们只是偶尔与他人进行有意义的交流。另一些真正想影响他人的人，则试图通过在自己的作品中表达原始体验做到这一点。他们希望在自己作品的精华中感受到悲伤、愉快、荣耀、反感、奉献和空虚等，没有中和性意义的干扰。这是一种尝试，能让体验在极度理性主义的世界恢复其优势。人们希望无须借助给事情强加意义，来分散人们的注意力，这样事情就会呈现出新鲜的、独一无二的个性，作为它本身而不是它可能被归入的类别被看见。

第五章
意义中的韵律

艺术家对纯真的、未经分类的经验的渴望，只能部分得到满足，因为这与人类赋予事情意义的本能反应相违背。当艺术家们忽略了意义，很多人还是会去寻找意义。人们不再像艺术家所想的那样把注意力集中在这些事情上，而是去揣摩它们的意义。当他们找不到哪怕一丁点儿意义，或者无法提取一些特别的个人化的意义时，他们常常会感到心灰意冷，对他们来说，事情本身就显得无足轻重了。

在传统标准与20世纪要么掩盖意义要么尝试排除意义的激进做法之间的争斗中，有个结论看起来比较显而易见："在个人体验中，一件事与其意义之间没有确定的比例。"你可能更感兴趣于任何事情的意义，而另一个人首先关心的是事情本身。如果这些比例乱了套，人们就会陷入麻烦。或早或迟，对意义或事情的过度关注，将会排除至关重要的那些想法。过分强调事情而将意义贬至微不足道的那些人，可能过的是冲动任性、朝不保夕、漫无目的或杂乱无章的生活。他们的生活可能像莎士比亚说的，"是一个傻瓜讲的故事，所有的喧哗和骚动，都毫无意义。"另一方面，如果事情不是如它所发生的那样被简单看待，而总是被仔细探寻它深层的意义，那么你的生活就充满了凶兆和不祥的预感，你仅仅将事情看成一种预兆，从来没有活在生活本身的勃勃生机中。

意义与事情的相互作用

　　梅尔维尔的《白鲸》和卡夫卡的《城堡》两部经典小说代表了对意义与事情之间相互作用的不同安排。读《白鲸》可以单纯地看作品中每件事的表面价值。小说的伟大之处，是它为读者的人生及其理解人性带来了更大的启发。对于对这些内涵不感兴趣的读者来说，它仍然是一个有趣的故事，讲述了一位船长迷上了一条特别的鲸。让这场捕猎特别有趣的是，这条鲸很有名气。它也被船长锁定为目标，船长之前被它弄伤了。小说内容夹杂着的危险、复仇、不屈不挠、海洋的神秘、动物的原始性及人与人之间协调的要求等元素，进一步激发了读者的兴趣。尽管寓言式的内涵在这些事情中增加了无意识的成分，我们还是不需要觉察这些内涵。故事的重点由这些简单的问题传递着：鲸会被抓住吗？人们会活下来吗？他们捕猎的技术怎么样？他们互相信任吗？读者是否喜欢他们？他们是为鲸还是为船长欢呼？

　　卡夫卡的写作则非常不一样。如果读者想要整合不容易整合在一起的那些元素，他们通常需要暂停对叙述的兴趣。读者必须自己弄清楚这些东西的意义：奇怪的影射、时间的扭曲、莫名其妙的动机，甚至模糊的地理位置。读《城堡》，读者必须把对熟悉的顺序感的需求放到一边，而让自己像是走

第五章
意义中的韵律

入梦境。那些超现实的瞬间，仿佛是一场梦的组成部分，一些说，一些不说。像梦中一样，引人入胜的事情停留在混乱中，未完待续。对许多读者来说，这样一路寻找隐含在事情中的意义，事情本身的清晰度似乎就减弱了。

K，尽管他是主角，但他本就是个微不足道的人物。他是一位勘测员，被神秘地叫到城堡工作。读者不知道他从哪里来、他长什么样，甚至不知道谁雇佣的他。他来报告自己的工作——关于要求他做什么及如何着手干——仅仅展现了很模糊的信息。显然，一个正常的勘测员是不会在如此不清楚的情况下接受一份工作的，这种幽灵似的存在还没有充实具体的内容。

不过，读者无论如何都会试着去填补这些可理解的空白，被娴熟的笔法和古怪的事件吸引的奇异感拉着往前走。尽管一些故事线的元素顺序不清楚，但其本身非常有意思，所以读者能够超越意义中不包括的内容而自己脑补上去。读者可能会问，是否我们都活得差不多，一天接着一天，不知道我们从哪里来，也不知道我们要到哪里去。

在"所有人都过着毫无意义和人格解体的生活"这种更哲学化的暗示下，K生活中的经历显得不值一提。这种启示使人们想起他们自己的生活，但《城堡》之所以成为一部经典作品，是因为它详细地揭示了社会的状态。

这句话从社会意识的角度看，也许很宝贵，但它贬低了小说中实际事件的重要性，成了心理扭曲的根源。意识到与人格解体或无意义的斗争，并不能改变这样一个事实：我们生活中的很多事情都非常个人化，而且很多事情都有非常清晰的意义。例如，想想下面这件事。你的儿子让你难以理解地晚回家了，在几个小时失眠的焦虑后，你终于听到了他开着汽车驶入门前的马路。这是个非常个人化的体验。现在你可以松一口气去睡了——他还活着，你也能够继续和他一起做许多你喜欢做的事。这是个非常简单的事情，不需要任何意义深远的象征性转化。

当然，其他因素可能会影响你的简单反应。你是不是在为自己无意识的幻想而焦虑，因此担心这么晚了他在外面干什么？你是不是在大脑中重现一个挚爱的亲人的死？你是不是觉得自己的生活没有安全感，想通过你的儿子活出这种安全感？你是不是为自己有时候很恶劣地对待他而深感内疚？

这些问题也许非常值得选出来回答。在某些领域，特别是心理分析领域，人们会习惯性地挖掘这种意义的前景。不过，当这种探索被夸大的时候，简单的体验中自然获得的营养就消散了。例如，在一组还不老练，因此容易陷入刻板地搜寻意义的精神分析导向的精神科住院医师中，小组成员听到人家随口说出的一个词，几乎总是忍不住去想他为什么

第五章
意义中的韵律

要这么说。还有一个缺乏体验的极端例子。我们在电影《晚餐》中找到了两个角色,他们在谈论英格玛·伯格曼的一部电影。一个人说:"这部电影讲的是什么?"另一个人回答:"是象征性的。"第一个人又问:"那里的那个人是谁?"另一个人回答:"死神,正在海滩上走着。"第一个人评论道:"我去过大西洋城无数次了,可我从未见过死神在海滩上走。"

扰乱心思

当人们面对与自己的身份感不和谐的个性时,焦虑感就会增强

有时候,就像卡夫卡的作品一样,明智的做法是把意义从其熟悉的支持中分离出来,以自相矛盾的方式让人们理解一个观点。达达主义艺术家,也想解构熟悉的现实,对松散联想的冲击力也很感兴趣。他们设法将人们从破坏性的价值和行为的僵化思想的束缚中解脱出来,他们特别反对战争的非理性。他们把数以百万计的人被杀戮和残害视为非理性的表现,实际上是在说:"如果你想要非理性,我们就给你非理性——不会假惺惺地伪装。"通过抹去理性,他们试图让

我们的思想回到一张白纸的状态,正如很久以前约翰·洛克描绘过的样子。为了掩饰思想,他们又会解放思想去学习新知识。旧有的意义阻碍了改变的机会出现,因此他们选择拒绝自己觉察到的预先安排的心理连接。在达达主义与超现实主义运动中,创造变化的需求,扰乱了大脑熟悉的线性思维的过程。

重组体验,摆脱了线性的束缚,即必须在任何预设的发展线和无拘无束的自由联想之间来回自由穿梭。当个体确信绕来绕去的那些想法非常有趣时,大脑就可能以最高标准对非线性体验保持开放。有时候这种信念来自一些暗示——发散的想法会让你有所收获,而有时候这种信念来自对指导者技术的完全信任。

有一个关于这种信任很好的例子,在催眠治疗师米尔顿·艾瑞克森的工作中可以看到。他经常跟他的患者讲一些寓言故事。由于有很长的时间间隙,可能听者无法理解这些故事。而艾瑞克森的患者或培训生都知道自己能够精妙地感知隐秘的适宜性,所以都愿意坚持讲自己的那些似乎不相关的故事。这些故事或多或少都有些隐秘的信息,直到它们隐含的指示被揭示出来。有时候,这种启示会立即出现,有时候会晚一点出现,而有时候效果会无意间出现,根本没有任何提示。

第五章
意义中的韵律

史德奈·罗森在《催眠之声伴随你》中，讲了凯瑟琳的故事。她是在艾瑞克森教学研讨会学习的学员，对呕吐有着病态的恐惧。艾瑞克森跟她讲了很多：首先，说到了北冰洋的海象、企鹅、鲸及装备了水肺的潜水员和浮游生物。然后他继续谈了啄木鸟及一个观察研究野生鸟类的人如何灵巧地把啄木鸟的喉咙清理干净。最后，他描述了啄木鸟的反刍功能。当他讲完故事时，他已经画出了这些生物自然功能的一幅生动画面。后来艾瑞克森又和凯瑟琳东拉西扯继续聊了一些别的话题，没再理会凯瑟琳的呕吐问题。最后，艾瑞克森的确幽默地间接提到了呕吐。剩下的就取决于她了，她有武器——就像他在一个充满自然变化的世界欣赏呕吐这种特征一样。

当然，与艾瑞克森的间接关联做法相比，达达主义艺术家、超现实主义者和立体派艺术家的做法非常激烈。在立体派艺术家的画法中，整个画面被分解成多个部分。要将这些古怪地安排在一起的部分看成一个可辨认的整体，需要格外留神。例如，一个人可能看见了这里有条胳膊、那里有条腿，却没法将这些部分重新构建起来，除非在感知者的大脑中有了推测。

对于愿意接受立体派艺术家挑战的那些人来说，为了觉察和重建被古怪地安放的那些部分，他们开发了一个巨大的蓄能池，以实现新层次的创造性参与。尽管这对人们的感性创造力是个挑战，不过还算非常安全，因为一直很安全。如果这些部分从来没有被组合到一起，那么几乎就不会被丢失。观画者会发现，丝毫不必像原来猜想的那样僵化地追求清晰的身份。

在日常生活和心理治疗中，个人的影响要大一些，在身份认同上保持灵活性也是必要的目标。当人们面对与自己的身份感不和谐的个性时，焦虑感就会增强。例如，当一个人发现自己产生了许多古怪的想法，或者发现自己有许多奇怪的面孔，或者在帮婴儿洗生殖器时有性唤起的体验，或者对一个朋友的死感到兴奋，或者有一种不是很明确的新感觉时，这个人需要自信自我身份仍然是健全的。对于立体派或超现实主义画家的观众来说，他们并不总是能够看到健全性（也没这个必要）。然而，在"现实"生活中，人们觉得这是必须的。

"神秘"与"混乱"

为了克服紧迫感带来的混乱，人们通常把事情一概而论

有个简单的治疗小插曲可以为大家说明，尽量不必去刻意理解事情之间一些看不明白的关系，这样反而可以发展出

第五章
意义中的韵律

一个有意义的体验单元。一天，在我的治疗课程上，一个毕业生奥斯卡在课前问我是否一切都好，因为他认为我看起来情绪低落。我很高兴他愿意来问我，也非常感谢他的关心，不过我说我不想谈论这件事，然后我就忘了这段对话。

就在我们下一堂课开始前，奥斯卡又走了过来，这次他告诉我，在过去的一星期他几乎疯了。他问我，如果在课堂上他需要站起来到处走动，我会不会介意。我说当然不会介意。我不知道他的烦恼是否与我有关，他也不知道之前一周我的烦恼是否与他有关。尽管如此，我的兴趣还是来了，而他继续告诉我他去了医院急诊室，显然他经历了一次严重的焦虑发作。他的声音还是有点发抖，他说好像他的思维短暂地脱离了轨道，而医院里的一些人帮他回到了正轨。但这轨道还是滑溜溜的。

听着奥斯卡的诉说，我想起了一件事。有一次，我躺在沙发上，让自己冥想仿佛躺在悬崖的边缘。在恍惚的紧急情况下，我在那里有一种摇摇欲坠的危险，然后我选择放手去"冒险"。我一放松就掉了下去，在冥想的错觉下，我仿佛掉入了深渊，但着地时我只是感觉像短距离掉在地板上而已。

我脑海中又闪现出其他的掉落经历。五岁时，我和我们家新近搬过去的那条街上的男孩子们一起去了一家电影院。我们坐在第一排，我和银幕之间有个非常暗的空间。电影是朗·钱尼演的一部老恐怖片《三个邪恶的人》。我的帽子意外地掉到了那个空间里，对于五岁的我来说，我只知道帽子无可挽回地掉进了黑暗中。这还意味着我小小的身体也会掉进深不见底的黑暗中。我被吓坏了。当我想象我的帽子可能成为永恒时，我意识到了一种原始的危险。现在我知道那个空间只不过是个乐池而已。

　　这些超现实的瞬间，燃起了我对奥斯卡的体验的热情。我们多聊了一会儿，然后上课时间到了：课堂时间准备做一个示范性的集体治疗体验，而不是讲课。一开始大家都不开口，然后，也许是受我们谈话的刺激，也许是被这种沉默吸引，奥斯卡对全班同学讲了自己的恐慌。经过半个小时与小组其他成员富有同情心的交流，他突然决定出去走一会儿。你确定自己想这么做吗？我问他。奥斯卡说，是的。我又问他是不是很快回来，他说是。他似乎知道自己该做什么，于是就离开了。

　　我们中的每个人仍然惦记着他。我们知道他想一个人待着，而他知道自己什么时候想回来就会回来。尽管如此，还是会有一点儿好奇的担心，很有可能他不理会我们在等他。经过几轮更进一步的关于我们是否应该去请他回来的讨论，有个人静静地站起来，走了出去，然后和奥斯卡一起溜达回来了。奥斯卡走了大概十五分钟，而且正准备回来了，他也

第五章
意义中的韵律

很高兴有人去请他回来。他告诉我们,他之所以走出去,是因为他在说话的时候身边的女士轻轻抚摸了他,这吓着他了。他不能容许被她的抚摸唤起的强烈感受出现,尽管他知道自己感受到了温暖,但这种感受还是变得很游离。然后,更糟糕的是,这种分裂状态在他看来是疯狂的。当他说起这些时,分裂感就减弱了。相反,他很快感受到了"统合",他温暖的感受又恢复了。那一刻,他只是感受着温柔,但失去了对这种感受的自觉意识。

在这个例子中,有几件事设定了故事的发展方向。每一件事都有隐含的意义,但只有一件事用语言清晰地表达出来了。这一系列事情始于我的学生问我是否情绪低落,他这么问我的原因不明,而我是否真的情绪低落也从未澄清过。我也不确定在我们之间有关心理上的痛苦是否形成了一根纽带。下一件事发生了,只是我们并不知道这件事最初的意义。那就是,他不请自来地走到我面前,提供了有关他的恐慌状态及请求自由走动的信息。这一次,奥斯卡和我的感受都较第一次强烈多了,而我用隐喻的方式绕着弯子谈到了原始的危险。这给了奥斯卡的体验一些主题结构。

接下来,奥斯卡把关于自己的焦虑状态告诉了他的同学——然后他离开了。他的离开被大家认为是一个危险事件,于是拯救行动开始了。直到接下来的事件中,我们才收到了意义的恩赐。当奥斯卡告诉我们他为什么离开时，我们才知道原来是与坐在他身边的女士的亲密接触让他感到无法承受。此时我们看到了一个暗号，在他火热的感受与大脑觉得危险之间的连接，被一分为二了。然后，终于安全了。随着这个小插曲快乐地结束，这份神秘感似乎在顷刻之间消散了，剩下的神秘感留给了未来。只是作为一个附录，几乎没什么细节。在研讨会剩余的课程上，可以说，他似乎处在一种良好的精神状态中，不再寻求特别的关注，而且针对课程的主题做了相关的评论。

人们对奥斯卡生活的兴趣所固有的神秘感，引发了许多问题。关于他的生活或整个人生，这些事情在告诉我们什么？这对读者和心理治疗师有意义吗？这个故事是否讲述了性的界限，是关于温柔、表达自由、人们愿意倾听对方的心声，还是某些疯狂行为的反弹性吗？奥斯卡的父母呢？他的羞耻感，他的健康恢复能力如何？每件事产生了与数不清的其他事情的连接。意义没完没了地诱惑着探索性的大脑。这个故事是否讲述了性的界限，关于温柔，关于表达自由。是关于……还是关于某些疯狂的弹性？

不过，有时，为了立即理清楚体验的缘故，治疗师必须把追求这些神秘事情的工作搁置。生活可能危如累卵。或者做一些心理上危险的决定，例如离婚、结婚、生孩子、换工

第五章
意义中的韵律

作，或者总体来说破坏现状的行为，都会让神秘的安逸难以维持。当我们不成熟地想将不确定性清晰化时，快速做决定或行动的压力会导致混乱。而在我眼里，奥斯卡更像是个谜，而不是混乱之源，也许是因为他似乎没有处于紧急状态，而且还需要其他持续的治疗。在清晰化的压力可以立即减小的情况下——通常可以做到这样——神秘的事物就会在它自身恰当的时间里变得特别清晰起来。

为了克服紧迫感造成的混乱，人们通常把事情一概而论，以便快速找到其意义。所有的"主义"都有助于做到这一点。如果一个人是"性别歧视主义者"，就很容易让人想到他只是个知道两种性别的人，但并没有具体分别体验过。如果认为女人就是感性的，那就需要大量体验她们冷静、理智地做决定，才会战胜这种信念。如果认为男人就是粗鲁又无感觉的，那么在发现他们让人意想不到的敏感之前，就必须对他们抱有很强烈的同情心。通过提供不成熟的意义并掩盖潜在的可能性，快速得出结论就会将"神秘"与"混乱"都否定。这里有一些快速转化的例子，这些快速转化预示的意义，比它们应该预示的要多：母亲不会同意杰克的提议，于是和他谈不谈都不要紧。一个年轻人的人生始于十六岁，因为那时候他突然开始长高了。工作中美好的一天没什么价值，因为没有伴侣可相偕回家。一次羞辱让人绝望，因为这意味着没人欣赏你。如果你觉得累了，说明你很虚弱；如果你犯了一次错误，就说明你没能力。在每一种情况下，快速得出的意义，会让实际可能性的真正范围变得模糊。它否定了可能不适于这个结论的那些事情，而且减少了在变幻莫测的方向上前进的自由度，留下了未发挥的潜力。

解释

寻求颠覆旧意义，或者增加被忽视的新意义

快速得出结论的行为，通常也发生在心理治疗师身上，这让人普遍对"解释"的治疗效果大失所望。当今的许多治疗师都偏向于让事实本身说话，不过，理解并不总是自发的。如果不做解释，治疗中患者可能永远不会理解。在艺术中也是如此。以音乐举例，我们会发现这是最接近原始体验的艺术，不需要关心它的意义就可以轻易接受。但即使是这样，一位音乐戏剧评论员乔纳森·萨维尔，还是针对理解音乐提供了一份辩词。在评论韦伯恩的《六小品》时，他写了关于学习欣赏安东·冯·韦伯恩的体验。他一遍又一遍地播放韦伯恩的作品，通过无数次重复听这段音乐，他发现韦伯恩的小品是"浓缩的戏剧，削减到最基本的元素：存在的初始状

第五章
意义中的韵律

态,行动,冲突,高潮,结局——所有这些都在三十秒内发生了"。然后,他接着说:

> 之所以这首乐曲如此奇怪,看起来如此高深莫测,是因为它压缩了时间。"我慢慢地走在一条用橡胶铺就的路上",做梦的人述说着,"然后路变得倾斜,我父亲穿着一套没有纽扣的黑色西装倒向我"。在咨询了做梦者的精神分析师数小时后,发现这个简单的梦,很快就说完了,但它浓缩了需要、恐惧、愤怒和一生的困境,伴随着各种各样的人物、场景和事件。情绪紧张,不过经过了伪装;事件多种多样,不过融合成了一件或两件;在宽度上被无情地局限,不过在深度上却是无限的。这就是安东·冯·韦伯恩的音乐……虚伪理应被抛弃,这样听众才能自己欣赏或者学会欣赏韦伯恩……他们不行。在大众音乐会上的普通类演奏中,不是五十年一遇,但永远不会有人把这种音乐当作他们自然的音乐来体验……应该有人向听众解释这首乐曲,用音乐家演奏的具体例子来解释说明。

由于萨维尔描述的体验很复杂,对我们来说,必须通过把它清晰化，以增强对简单反应的理解，而在这方面，"解释"可以有所作为，这是对人类思想的尊重。反对"解释"的怨言，应该指向反对认为"仅有解释就足够了"的错误信念或反对许多品质拙劣的解释——并不是反对及时又富于启发性的解释。也许有人会争论，认为解释只是对精神分析的演绎。的确是这样的。弗洛伊德的主要贡献是意识到洞察力是心理变化的核心，他开创了揭开潜意识神秘面纱的整个世纪。

例如，我的一位患者多美尼克，有一年没有付费给我，而且由于是秘书出了错，我一直不知道这件事。他没钱了，但他一直没说。当我发现这件事时，我告诉他，他的行为就像他那些混黑帮的表兄弟，这些人大概已经被他从大脑中清除了。他被我的观察惊呆了，因为他一直非常蔑视他们。不过他很激动，他平常的状态是消沉和没出息，但现在他被激发了，仿佛能看到自己冒险从我鼻子底下偷钱。当他能够理解自己不情愿去做他人可能会做的那些事时，他生命中持续的新生就会回溯到顿悟的那个时刻。这份理解释放了那股黑帮的能量，代替了他一直习惯性承受的罪恶感。

心理治疗中，解释的力量会被两种错误破坏。一种错误是将解释与行为分离，从而使解释与被解释的事情保持一定的距离。例如，在多美尼克偷我钱的情境中，他的黑帮背景

第五章
意义中的韵律

比一个抽象的事实，对他具有更生动的意义。第二种错误是太频繁使用解释。解释充斥着人们的大脑并掩盖了被解释的事情的独特性。关于这类过度行为，约翰·厄普代克在与乔治·普林顿的访谈中说："叙述不应该成为心理洞察的包装，尽管它们包含这些，正如面包里的葡萄干一样。"

在这一节中，多美尼克体验到的，与乔什·洛根讲述的麦斯威尔·安德森关于一出成功戏剧的规则相协调。安德森说："一出戏应该带着主人公经历一系列体验，这些体验通向走向结局的高潮时刻，当他学到了一些东西后，会发现自己身上一些自己由始至终都知道却视而不见的东西……观众必须感觉到并看见这位主角变得越来越明智……"这就是发生在多美尼克身上的事情。他得知了关于自己黑帮背景的特殊事实，而且通过这种认知，他重新体验了能量和进取心，这两种体验都使他的背景比他大脑中充满的"目无法纪"这个抽象概念更加丰富。

当大脑扩展以赋予体验新意义时，这些特殊的认知时刻正是任何单一事情与更广阔的生活背景连接的标志。但意义并不局限于这些时刻，它们无处不在，无论它们是像向导一样引人注目，还是容易被忽略地隐藏了起来。它制造了一种差别，无论是我将你的评论解读成嘲讽还是柔情的戏弄，无论是我把你的表扬当成真诚的还是激励性的把戏，无论是我把自己看成贪婪的还是仅仅是食欲旺盛。当这些意义上的选择被曲解时，它们会变得非常固执，很不情愿放弃。而意义中丰富的错误吸引了作家和心理治疗师的注意。当他们寻求颠覆旧意义或者增加被忽视的新意义时，他们的素材将永远不会枯竭。

第六章
内在对话

> 从一个人的所见所闻中，
> 从一个人的感受中，
> 谁能想到创造出了如此多的自我，
> 如此多的感官世界，
> 仿佛正午天空中的空气在涌动……
> ——华莱士·史蒂文斯《邪恶的美学》

我们曾经有一只斑纹猫，身上有黑色、白色和黄褐色斑纹。它生的三只小猫，一只黑色，一只白色，一只黄褐色，每只都呈现出它们的杂色妈妈身上具有的纯色。人也是有斑纹的，在他们的许多特征的双向影响下，他们也失去了纯色。不过，综合各种特征于一身的人，就像我的猫一样，保留了每个潜在特征的纯度。例如，尽管一个上进的人也会在懒惰的时候丧失上进心的纯度，但这种丧失并不是永久的。当各

第六章
内在对话

种特征变得模糊不清或者这些特征在压抑的状态下全部被排挤掉时,作家和治疗师必须有这个眼光透视这些被遮蔽的结果,把这个人身上已经被缓和或压制的特征的组成部分弄清楚。举个例子,卡尔·桑德伯格在写他其中一首诗时就是这么做的。这首诗是关于他自己内在的狼、猪和狒狒。他写道:

> 噢,我有个小动物园,就在我的肋骨中,在我瘦骨嶙峋的头颅下,在我心脏的红色瓣膜下,我还有别的东西:那是一颗男孩的心脏,一颗女孩的心脏;那是一位父亲、母亲和爱人;它来自上天知道的地方,它在走向上天知道的地方——因为我是动物园的主人;我说了是或不是;我歌唱,我杀戮,我工作;我是动物世界的朋友;我来自荒野。

面对所有住在一个人内心的这些角色,治疗师与任何个体开展工作,实际上等于在做集体治疗。这个人的每个部分通过言行提示着它自己的存在。治疗师必须引导个体识别这些部分,让这些部分代表它们自己清楚地发声,而且在自我的世界为每个部分找到一个位置。面对内在巨大的多样性,感到自己是健全的,这是每个人一生中的主要挑战。另一方面,某些难以融入整体的部分,又会成为潜在的干扰源。

一个人的人格分裂成几部分，最常见的表现是分化成相反的特征，例如冷酷与和善、大胆与胆怯或浮夸与谦逊。然而，有一点确有其事，那就是内在的斗争具有更微妙的品质，所有这些品质引发了整个行为。这些品质呈现了个体许多方面的多重性，表现在一连串的潜在体验中，而不仅仅是在极端情形下。例如，一个和平倡导者的烦恼，可能不仅仅来自他对反对他观点的人的极端愤怒，也可能来自他需要在工作上花更多的时间，或可能来自他对和平运动中许多同事的厌恶，还可能来自他的犬儒主义，来自失败带来的沮丧，甚至来自别人对他上嘴唇的那颗痣的评论。这些构成他整体人格的多方面的元素，可能与他在和平运动中的工作很不协调，就像简单的两极对立。

无论在哪种情况下，无论是看两极性还是多重性，治疗师预见的都是彼此很少联系且仅仅以近乎隔离的状态存在的不协调部分。内在和谐的恢复来自于重建这些部分之间良好的沟通。这是通过让每个部分拟人化且让它发声实现的。当每个部分与其他部分开始对话且沟通的质量提高时，各部分之间的联系就会更敏锐，而且开始在一种新的状态下体验彼此。

举个例子，有个叫卡罗琳的女人被自己要不要孩子的优柔寡断折磨。她的痛苦随着生物钟的每个嘀嗒声而变得更深重了。很显然，她的个性至少有两面——一面想要孩子，另

第六章
内在对话

一面则相反。这两面，像两个人，每个人对自己和对方都持有刻板的态度。我请卡罗琳将这两面之间的对话演出来。刚开始，这两面都非常固执，以至于几乎从她身上看不出会出现新鲜对话的可能性。不想要孩子的一面明显占优势，尽管还没有达到可以胜出的程度。虽然问题还没有得到解决，她却确定自己是对的，而且她可以雄辩地精确阐明为什么自己不想要孩子。她知道自己的生活过得很好，但她不想这种生活被要个孩子打扰。她也确信以自己三十五岁的年纪，怀孕会有很大的风险。而且由于她的兄弟有先天性心脏病，她也会有生一个有缺陷的孩子的危险。她还知道自己的丈夫会把所有责任都推给她，而她肯定这个世界不适合养育孩子。

在她开场的陈述中，一面一直没有考虑另一面的需求，仅仅认为另一面的需求很弱。她想就这么混过去，因为想要孩子的一面已经被另一面吓倒了，面对对方的强势攻击无法正常思考，沦落到只是眼泪一滴滴往下流而不能放声大哭，被动陷入了一个壳中，面临被击败的可能。居于主导地位的一面只是靠蓄意忽略想要孩子的一面的影响来维持强势，尽管想要孩子的一面感觉自己几乎没有争论的基本依据，也并不想放弃，只是让自己站得远远的。她只是呜咽着，不提伤感的感受——她可能会失去为人父母的特殊快乐；没有为人父母的经历，可能自己不会成熟。尽管她说自己想要个孩子，但她并没有传递出强烈的失落感。她的感受看起来更像是听天由命,相信老天自有公道。尽管有这个小小的信念,卡罗琳的痛苦还是很强烈,以至于足以让对立面陷入瘫痪,从而无法动摇她内心深藏的直觉——她的存在,孩子是至关重要的因素。

经过几轮交流,想要孩子的一面更加清晰地意识到了另一面的徒劳,随后抨击另一面,说她不是在说自己想说的话。想要孩子的一面继续攻击,振振有词地指出不想要孩子的一面很自恋,精准地指出了对方的怯懦和不必要的恐惧,而且指责对方对自己无法完全掌控的所有体验都视而不见。这一刻,她开始穿越障碍。等到两面都讲完各自想讲的,平等的交谈就开始了——一面感觉自己变得强硬起来并站在了合理的位置上,而另一面变得亲切起来并站在了温和的立场上。之后,带着每一面对另一面更多的尊重,卡罗琳对自己与孩子的关系产生了奇怪的自由心态。当她看到一位母亲和孩子在超市争吵时,她为她没有孩子感到宽慰。但这种宽慰并不意味着她不能有个孩子。另一方面,当她去哥哥家第一次与还是小婴儿的侄女开心地玩耍时,她意识到这也并不意味着自己必须有个孩子。

尽管她内在的和谐极大地缓解了她整体承受的压力,但她还是准备好做一个决定。然而,紧接着这种体验,她在另一个方面又有了突破。她的完美主义心态也妨碍了她的工作，她一直在一个至关重要而又困难重重的研究项目上反反复复，举步维艰。经过关于要不要孩子的问题的对话，她的思维放松下来了，巧得很，之后她在这个项目上突飞猛进，现在几乎快完成了。改变可能具有扩散性，在一个心智领域学到的新知识会与其他领域交叉，从而对其他领域产生有益的影响。

接触

在一个人内在各部分之间创造对话，首要的任务是提高接触的质量

在一个人内在各部分之间创造对话，首要的任务是提高接触的质量。被疏离的各部分一开始不会直接与另一部分对话。每个部分都了解剧本，都不想改变，只会扮演各自熟悉的、已经成型的角色。只有当各种思想汇合到一起时，每个部分才会变成其他部分要求的某种样子。

被疏离的各部分之所以成为错误连接的决定性因素，是因为它们害怕会受到其他部分有害的影响。值得害怕的东西有很多。如果不喜欢打架的你于你内在想加入黑帮的部分对话，你就陷入了危险；如果你笃信宗教，就会避开自己内在

无神论的一面。要对抗这些绝境,治疗师必须认识到各种各样妨碍内在对话的因素,例如跑题、筑起防护墙、在需要反对时没有反对、误解了所说的话、乏味的反应及其他错误连接的来源。一旦建立起新连接,你会发现只要进取一些,就会让人兴奋,而不需要加入一个帮派。你可能会发现宗教中更广阔的视角,而不需要成为无神论者。对话中的每个部分都可能冒着承担其他部分某些方面的风险。虽然这些部分在一开始似乎并不相容,实际上这些不相容比想象的要少很多,不过,这是场输赢皆有可能的赌博。

一个人为维护自己地位的纯洁性而反对反作用力入侵的斗争,不仅在个人层面,在社会甚至国际层面上,都是显而易见的。这一点在玛格丽特·阿特伍德的小说《浮现》中获得了例证。通过小说的女主人公——一个加拿大人的声音,她发表了对进入加拿大的美国猎人的看法:

> 他们是商店为我们准备的东西,是我们将要变成的样子。他们像病毒一样扩散,他们侵入大脑并接管了细胞,而细胞由内而外改变,可那些带病毒的细胞看不出有什么不一样。就像夜场科幻电影中从外太空来的生物,将他们自己注入你体内,绑架你的身体,剥夺你的大脑,他们的眼睛在墨镜后隐

第六章
内在对话

约可见。如果你长得像他们，说话像他们，连思考也像他们，那你就是他们……

真是一针见血。许多父母在自己的孩子挑选朋友时给予的小心关注，体现了我们的这些恐惧。如果父母担心自己的孩子可能从某些接触——毒品、疾病或反社会的价值观中做选择，他们会心烦意乱并格外小心这些接触。与此同时，由于年轻人接触了与他们自己不同的风俗习惯，他们的生活开阔和丰富起来。我们需要敏锐的洞察力来区分高度危险的威胁（例如毒品）及可能关乎我们自身势力的无足轻重的威胁（例如交一些吃意大利香肠而不是肉酱的朋友）。

当立场存在分化时，来自有影响力的部分的强烈危险感就出现了。当爱与恨似乎对立得无法调和并以极端的形式出现时，他们一方面可能召唤着终身的、专注的投入，另一方面可能召唤的是谋杀。减少情绪的负担，例如爱与恨，有助于让这两种情绪相互接受。微笑不需要过分的投入，做鬼脸并不会导致谋杀。但许多人错误地在更温和的情感中加入了爱与恨。内在的对话可以帮助他们做必要的辨别。

安全机会

想象力使我们能够安全地分辨出行动中可能会被禁止的特征

心胸开阔的人接纳自己内在的被禁止的特征,也接受别人内在的被禁止的特征。在不是很危险的情形下,这一点比较容易做到。想象力使我们能够安全地分辨出行动中可能会被禁止的特征。一个人可以在想象中追逐私利、粗俗、专横,甚至是杀人,而不必将这些特征付诸实践。当幻想与现实脱节的时候,风险会比较低。例如,当你知道自己不太可能与急于让你了解自己糟糕的判断力的猛人去比赛,而只是幻想一次五十码冲刺触地得分时,风险就会很低。即使你不是个橄榄球运动员,你的运动性、敏捷度、英勇无畏等方方面面还是会在幻想中被认可。

安全地利用被忽略的特征,有助于创造转化的现实,让一个人内在的各部分可以进行对话。这种将禁忌付诸实践的形式,为在另一个时空中看到更凶险的景象做好了准备,这和在演奏会之前练习钢琴没什么不同。

小说为在远处体验新情境和新感受提供了另一种安全场景。也许小说家比他们的读者处在风险更高的位置,因为正值创作时他们会比轻松的读者更加沉浸于角色和情境

第六章
内在对话

中。然而，严肃对待他们的内心生活的那些读者，常常难以分清楚真实体验带来的威胁与精神上制造的体验带来的威胁之间的差别。在非常专注的情况下，一个人会在精心创造的体验中体验到宏大的感觉，仿佛这种体验就像真的一样。

　　心理治疗中有类似的做法。无论是患者还是治疗师，都会针对个人需要进入的深度做判断。举个例子，假设你准备高度认同自己内在的一个有风险的特征，例如罗伯特·路易斯·史蒂文森的著名故事《化身博士》中的海德先生表现出来的那样，毫无疑问，你很快就会觉察到海德先生的幽灵正潜伏在你的大脑中。对大多数人而言，将自己不想要的特征与被接纳的特征严重隔离出来的人，回归禁忌可能太恐怖，因此他们无法接受《化身博士》中的人物的表现。哲基尔医生会占上风。亲眼目睹你隐藏的特征暴露无遗，你随时准备好去体验这一面，这将有助于你尽可能接近对禁忌的感受。在与治疗师的安全隔离中，你就能够穿越从自己的大脑库存里冒出来的又一个恐惧。

违反优先顺序

我们需要自己内在的各部分协同运作,而不是试图各行其道

一些特征可能会由于除恐惧以外的其他原因被隔离。有时候,这些特征只会干扰更高优先级的顺序。有个叫德洛丽丝的女人抱怨说充满魔力的感觉已经从自己才一年的婚姻中消失了。她的丈夫在没有告知她的情况下,把与前妻生的七岁的儿子带了过来。然而,他不愿意执行他们之前都认为必要的纪律。现在,德洛丽丝已经忍无可忍了,她甚至无法和这个男孩再有民事关系。她和她丈夫的关系一落千丈,她有一种被围困和自负的感觉。她还有一种激动不安的挫败感——精力充沛但深感绝望。她的身体和她的态度一样紧绷。

我发起了一系列对话,以引发她与丈夫和继子之间更丰富的接触,但德洛丽丝只会重复自己的委曲,反应也毫无新意。这使得对话没什么成果。后来我请她跟我讲讲她十一岁时的生活,她告诉了我她骑马时感受到的惊恐,而且还记得她在自己家里几乎没有什么责任需要承担。等到她开始友善地面对自己十一岁时的这一面后,我请她转变回十一岁,而且与二十八岁的自己对话。十一岁的德洛丽丝只说了两个字"放松",这简单的两个字很快将她从敌对的状态中轻轻解脱

第六章
内在对话

了出来。她立即放松了自己的整个身体，仿佛她已经被从牢笼里放了出来，开始大笑起来。在这一节课上，我们第一次在她身上看到了她自己的那些品质，这些品质一定是她和丈夫以前"有魔力的"关系中具备的。她内在的"政治"已经关闭了传导这种声音的大门，因为这种声音可能过早地削弱了她对继子策略性的愤怒，因为他毁了她充满诗情画意的私生活，也因为她丈夫没有在她新承担的抚养责任上更多地支持她。

被疏离部分的身份常常被掩盖。德洛丽丝表现得好像自己从来没有经历过十一岁，而且好像她对十一岁一无所知。但她的内心非常清楚十一岁是什么样子，只是她把它完全掩盖了。这很正常，隐藏起来的特征从来不会自己举手说"我在这里"。举个例子，假如一个人很依赖而决定不再依赖了，这种依赖的唯一表现可能是不协调的恳求的表情，或者是微微渴望地偏着头。盛怒的唯一迹象可能是一截一截地说出某人说过的话，就好像是他在切掉雪茄的末端。

关于一个人隐藏对自己很重要的事情的一面，还有另一个例子。有个年轻人，见鬼似的热衷于赚钱，但在他以往十年来一直生活的学校环境里，他的这种雄心壮志被认为很愚蠢。因为他没有感受到自己允许自己如此渴望获得金钱，他欺骗自己，也欺骗他的妻子，他告诉她说因为他们需要财务保障,所以他必须继续长时间工作,但妻子反对他这样做。结果,他们之间的摩擦发展到了无以复加的程度,因为对她来说,有很多钱并不是很重要。

在他内在的想赚钱的部分与抗拒赚钱的部分对话过程中,想赚钱的部分开始显露出了超越安全感的动机,赚钱变得让人很兴奋。这个年轻人想超过自己的父亲,而他父亲的成功对他构成了挑战。安全感是他最不关心的。在赚钱过程中感受到的兴奋感,就像别人在踢足球时的兴奋感一样。当这个人展现出自己"想赚钱"的这部分时,他能够针对这部分说出自己真实的想法,不管与他惯常的优先顺序是否矛盾。他把这种兴奋一讲出来,他和他的妻子都因为他潜意识中有这种荒谬的抑制力而笑了。之后他们相互谈论了他们的愿望,而不必再去拿贫穷做掩护。

作家尤其着迷于内在多样性的细微迹象。他们的想象力使他们能从身边发现的线索中做推断,而且将这些推断上升到现实的高度。举个例子,约翰·厄普代克在《半人马座》中描写了一个教师的经历,这位教师在他上课的教室里被一支箭击中了脚踝。这使人想起神话中的人马座,一种人和马的组合,曾经被一支毒箭射中,因为疼得受不了而祈求上天让他死去。很快,读者被引导进入这间特定的教室,在这里他平时会认同的事情已经延伸到了常规认知范围之外。在这

第六章
内在对话

间教室里，厄普代克和读者可以有一种感觉：是的，我确实知道被箭射中脚踝是什么感觉，甚至知道与古人分享我们喝水用过的那只奇怪的杯子是什么感觉。这份天赐的礼物超越、丰富、强化并详细阐述了通常会发生的事，给了通常会发生的事以特别的认可，而且使其摆脱了熟悉感的限制。

厄普代克延伸平常的边界的做法，是小说家普遍的做法，它为小说家发挥自己内在的多样性创造了机会。对于他们来说，将自己的特征投射在笔下人物的特质上，并不像对话治疗中患者的表现那么明显。小说家是在反映自己的样子，还是观察到的身边世界的样子，这还值得商榷。也许两者之间的比例在作家中会有不同。对于想代入自己的附属品质并赋予这些品质以充分的个性的那些作家来说，机会还是非常多的。

例如，对歌德来说，演绎自己内在的浮士德与梅菲斯特的两面，都可以制造有表现力的冒险经历，从而赋予其他抽象的品质以鲜活的身份。从学术典范的品质中塑造出浮士德，以及从魔鬼的品质中塑造出梅菲斯特，会使每种品质生动而详尽，这是仅仅通过简单的内省做不到的。两种品质各自尽其所能发挥它们的作用，将故事引向一个与歌德自己的生活很不相同的结局。做到这一点，即放弃了世俗快乐的浮士德不求回报的一面，对梅菲斯特来说是个公平的游戏，他并不需要向浮士德学习，也不需要让自己的兴趣与浮士德的兴趣相协调。

治疗中，损害或过度影响一部分，可能会缓解另一部分的恐惧，这比从歌德的小说中更容易获得喜悦。毕竟，属于同一个人的各部分，彼此是分不开的。它们有一个自然而然形成的共同兴趣，尽管它们一开始可能没有意识到。你内在的魔鬼无处可去，只能你去哪儿，它就跟着去哪儿，因此跟你的幸福有利害关系。对梅菲斯特来说就不是这样，他不必分享浮士德的命运。寓意很明确：我们需要自己内在的各部分协同运作，而不是试图各行其道。

空椅子

每个人还需要和许多外在的人沟通

除了要和许多内在的人沟通，每个人还需要和许多外在的人沟通。通常这些关键人物都无法再联系得上了。在这些人物中，有已经去世的人，有已经搬走的人，有似乎不再有意思的人、另一个时代的朋友、偶尔遇见的人，甚至在人群中猛烈撞过你的一个陌生人。尽管不再可能延续关系，这些人可能还会是进行未完成的沟通的有效目标。例如，你可能觉得当那个不认识的人猛推你的时候你应该反击他，而且

第六章
内在对话

可能需要对那个人说点儿什么。对于还联系得上的那些人，进行外部对话会非常困难——你可能并不想跟忽略过你的八十五岁老母亲，或者一个小心眼的同事、朋友或老板对质。

当这类未完成的沟通存在时，可以通过想象把这些相关的外部人士放到"空椅子"上，让他们在场。患者对着椅子说话，就好像另一个人真的坐在椅子上。这种做法有强大的影响力，扩大了患者在治疗过程中可以直接沟通的对象的范围。

小说家不断地给自己提供这种机会，靠想象创造了各种各样的人物，而且随着人物的发展加剧制造紧张气氛。不过，小说家想象出来的人物可能与他自己的现实世界没有清晰的连接，但在心理治疗中，坐在空椅子上的人却是被清楚地确认为是与患者有未完成的事项的某个人。

在与简妮的一节治疗中，用到了这种想象出来的存在。简妮恨男人，而且有充分的理由。继在童年期被父亲抛弃和青春期被强奸后，她嫁过一个她认为是蠢货的男人。最近几年她在自己与男人之间筑起了一堵墙，因为对她来说，在太爱他们与把他们从她生活中隔绝之间，不存在中间地带。尽管如此，她和我相处倒也没什么问题，她将我更多地视为一个例外，而不是男性中的一员。如果她意识到我也是"他们"中的一员，她可能已经有直接的机会面对她憎恨的人类的一员。由于我不是"他们"中的一员，空椅子给了她一个机会，让她去尝试与整个男人群体相处。我请她想象一位男人坐在椅子上。她一开始就使劲把椅子往后挪，摆到她想要的距离之外，然后继续说她已经跟我说过的话："我认为你们中的绝大部分都是混蛋。总的来说，你们对待女人太坏了。"

这是个措辞强烈但老调重弹的开始。我们需要更多的内容。利用空椅子的好处是不会有人立即感到受伤害而突然离开。空椅子练习使简妮很快体验到了自己的力量和愤怒，否则两种感受都会变淡。将戏剧性展示出来，有助于我们直达任何体验的本质。

随后，我想往沟通中加入内容和不可预测性，于是请简妮坐到另一把椅子上扮演那个男人。她表现出了一丝惊慌，而且说我严重触及了她的底线。我猜她这会儿一定觉得仿佛自己被迫加入了敌人阵营里，不过我这么做只是想让双方的交流更明显一些。尽管简妮对此有所保留，她还是坐到了另一把椅子上。作为男人，她说："我们只是做你允许我们侥幸做成的事。"这是她之前没有提到过的要点，于是沟通有了新意。随后她回到她的椅子上回答道："我们没有你们与生俱来的权利。"这么说的同时，她已经准备好放手了，不过她的话暗指了女性可能从未战胜过的不公平，这有待详细阐述出来。我问她，你是否还有话想说，她继续说道："你们一出生就具有我们没有的权力，而这种权力需要我们花很长时间获得。"

第六章
内在对话

你们又该死地认定你们不会放弃太多这种权力。"此刻她不仅仅讲清楚了男人的文化优势,还有他们对紧紧抓住权力的贪婪。她也在确定他们会对他们的贪婪负责。

显然,我将简妮引向了一场对话,这场对话比她本来可能会创造出来的对话更具体。像任何作家和编辑一样,我判定这样的对话还需要某些她尚未注入的内容。当她的确注入更多内容后,追加的对话就有助于让她的介绍性陈述(总体来说是男人都是混蛋)更充实而具体,而且唤起了她更深刻的自信。

随后,我请简妮回到男人的椅子上。当时她似乎没什么想说的,于是我问她:"作为男人,你对简妮说的话有什么看法?"她说:"我们没办法。如果我们生来如此,我们也没办法。"这是个差劲的回答——不过在练习演反派的这一刻,不必苛求最好的回答,能突出他的傲慢和漠视已经足够了,这两点符合简妮对男人的看法。

她回到自己的椅子上,表情带着点儿不愉快的认可,说:"你们为什么不想点办法呢?"她又坐到他的椅子上说:"我们不应该想什么办法。我曾经对你做过什么吗?"在现实的遭遇中,她对男人这种推卸责任的做法可能早已接受了,只要他们简单地不予理会,就会让她觉得自己的看法站不住脚。不过她心里已经生上闷气了。在这个无拘无束的环境中,她的作者身份占了主导地位,她有足够的勇气说:"他们对我做了几乎所有的事情。"正如一个优秀编辑会要求她具体说明。于是我接着说:"详细说说。""我父亲,那个在我十六岁时强奸我的家伙,"她继续说,"还有我嫁的那个混蛋,他一直对我拳打脚踢。"然后她对我说:"我认为他不想谈论这些。"对于把这些男人和他们推诿的手段逼到了墙角,她很是幸灾乐祸。

对于简妮来说,这段对话是个重大的进步。我还是想请她问问他是否想谈论此事,随后我让她挪到另一把椅子上,听听他要说什么。他说:"我真的感到遗憾。不过那些事情我一件也没干过。"她回到自己的椅子上,固执己见,说:"你干了。"我看见她咬牙切齿,就问她是否能觉察到了自己脸上的感觉。这一点很重要,因为觉察会给她自己说的话增添现实感。她能觉察到。我提醒她,让那些觉察成为她要说的内容的一部分。由于她把注意力集中在了自己脸颊的感受上,她讲出来的话变成了"我真想一拳把你打倒。不过我对总是生气感到厌烦了"。

此刻,简妮将目光从男人身上转向我。我直视着她。当她直接对他说话时,她一直在回避什么,就会变得很清楚。她开始放声大哭,并绝望地说:"我就猜到是这样。我不想哭。"我解释说,这是治疗的一部分,不管怎样她都可以继续。不过她停住了。由于她需要一些支持,我问道:"你的眼

第六章
内在对话

泪阻止了你告诉他你有多愤怒吗？如果你在哭，如果你很愤怒，讲出来。"

这是个至关重要的时刻。就在她意识到自己有可能深刻地表达自己的时候，她面临了可怕的矛盾：一方面是坚强，另一方面是哭泣，这意味着她很软弱。她必须明白，她可以哭，而且仍然拥有自己的力量和正确性。事实上，这会变成一种温润的力量，而不是她从男人那里看到的干巴巴的和机械性的力量。然后她说："你们谁也不会再那样对我了，我知道怎样不再成为你们的受害者。我拥有了和你们一样多的权力。"毫无疑问，她说的每个字都是认真的，而且她不再站在低人一等的位置说话。这时，对她来说，流眼泪不再是她软弱的表现。但她说完一些粗暴的话后，她会感到难过。即使她不想留在被疏离的状态，她还是害怕放弃自己的愤怒，唯恐自己会再次变得易受伤害。事实上，一旦她认识到自己不再感觉易受伤害，她就会无拘无束地开玩笑和大笑，并充满了自信。她心目中认定的男人形象消失了。

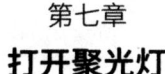

第七章
打开聚光灯

> （作家）必须让自己的那些也许从未出彩的表达绽放异彩。
>
> ——阿内丝·尼恩

在表演艺术中，聚光灯用于突出演员，使观众能够清楚地看见他，而不被其他干扰性的视觉体验分散注意力。大脑也有类似的功能，可以指引和简化人类的注意力。这种精神上的聚光灯效应，可能是通过许多简单的方法实现的。举个例子，热情洋溢的介绍，会让公众把注意力聚焦到发言者身上；绰号彰显了一个人的个性特征；头衔突出了一个人的工作；黑色衣服衬托出了白皙的皮肤。这类增强的效果可以通过以下几种方式获得：（1）言语的强调；（2）认可；（3）风格；（4）情境；（5）后果。

第七章
打开聚光灯

言语的强调

必须使用一些言语，启发大家清楚地看到重要的事情

有个年轻女人在与一个略微年长于她、工作经验比她丰富的男人共进午餐。他说他会付款，因为他更有钱。她回答说，如果他是因为确实想付款而"不是因为我很穷"，就可以由他付。她通过选择这样的措辞，强调的是面对贫穷时她的独立。尽管她的独立值得称赞，但事实是她根本就不穷，她一年挣3.5万美元。也许她避而不谈自己的富足，是因为她不想炫耀。遗憾的是，她这么做也是因为她习惯性地认为自己很穷。认识到这一点后，她就意识到是时候让自己不再装穷，并能感觉到自己在成年人中的平等地位。

在小说中，言语的强调力特别明显，在现实生活中可能仅仅是来自过去的意象，在小说中则可以通过言语突出强调出来。E.L. 多克特罗在《鱼鹰湖》中对笔下英雄的描述就证实了这一点。乔在年轻时就陷于违法犯罪和痛苦中，他讲述了自己早期事业的巅峰时期，从教堂的济贫募捐箱里偷钱，还踢了逮着他的神父的裆部。神父疼得直抽搐，大口地喘着气。以下是乔对这件事结局的描写：

我踢得很准，而他完全没了神父的样子，蹲了下来，双眼瞪得仿佛要从眼眶里迸出来，脸涨得通红。神父，我知道这感觉，不过你不是我父亲。他跪趴在石板铺就的地上，大口地喘着气。"你想要钱？"我尖叫道，"拿走你那该死的钱吧！"我跳着后退一步，将钱抛向空中。那些零钱如天女散花般纷纷落在地面上，"叮叮当当"的声音很凌乱，如同陷入一团糟的一脸严肃的神父。我奔跑着，穿过如同从黑色天穹倾泻而下的雨一样的钱币。

这段突出描写，无疑非常精准——针对这样一件突兀且惊人的事情。事情是吸引读者注意力的基础，而在多克特罗笔下，上升到了主导地位。如果多克特罗没有写这些句子，而只是简单地说乔从教堂偷了些钱，在逃跑的时候又弄丢了，那么，整件事的色彩就会消失，而且会让小说中的人物乔和神父的影响力都减弱了。

这种故意让一件事的色彩消失的做法，完全不能被技巧娴熟的作家接受，但在前来寻求心理治疗的人中却不足为奇。他们的羞耻感及他们经历的生活的复杂性，导致他们难以理解体验。我回想起治疗小组中的一个人，她的经历和乔的一

第七章
打开聚光灯

样丰富,但她不愿意因此引起别人的注意。她说的话平淡乏味,通常是无法引起他人重视。最后,她告诉我们,小时候她不小心剁掉了她兄弟的一根手指头,她说着说着激动起来。"剁掉"这个词使她发抖,而且一下子抓住了我们的注意力。她告诉我们,当她的母亲抱着孩子冲向医院,把她扔在身后时,她感到很羞耻。她独自一人待在那儿,为自己的所作所为感到"遭到排斥"和"浑身发抖"。当她的言辞将她自己的注意力引向她的体验时,她就能够继续往下说了,也接受我们去了解她在天主教堂的童年,包括她奇怪的母亲,一个异装癖者。

当羞耻感与复杂性压制了大多数人的体验时,小说家和治疗师必须使用一些言语,启发大家清楚地认识那些重要的事情。每个人都伤害过某人并惧怕面对这些事情的影响;每个人都认识一些稀奇古怪的人;每个人都曾经被甩在身后,感到被遗弃。通常,这些体验都是无意识的,只是通过一些模糊的标志识别出来,但安娜贝尔借机说出了那些能照亮我们的言语。我们都知道,我们也可以根据自身的条件这么做。

认可

渴望获得认可，就是渴望得到公众注意

尽管每个人都有被认可的需求，但是，隐蔽的存在不能袒露出来，也可能就会成为大多数人的宿命。早期的这种需求，我们可以从幼儿寻求关注的行为中，以及幼儿园和小学一年级制度化的公开课上看到一些例子。通过公开课，孩子们向同学和老师展示他们自己，而且彼此不加以评判。在这个练习中，保证每个人都不必为寻求关注而竞争，这种关注在教室以外的地方广泛需要却很少得到。假期里的一段活动、收到的一份礼物、新发现的一件东西、出席的一次聚会——所有这些都是特定的认可。一次责骂、一个被禁止的愿望或一次失望，因为这些是负面的，就不太可能在团队中被讲出来。

如果人们能够给予他人全心的关注并认可他们的体验，就不需要像公开课这类精心策划的方法了。很明显，许多人没能走到台前放弃自我认可感。即使如此，在日常生活中，我们无时无刻不在展示和讲述。打电话、吃午餐时的交谈、写书信和聚会——所有这些都充满了许多个人体验。这些体验正是社会的主要黏合剂之一，它弥合了人与人之间的界限，而且将人们聚集到了一起。正如双眼给了视觉以深度，他人的认可也为一个人的生活提供了维度。

第七章
打开聚光灯

在团体中，对认可的追求也显而易见——各专业协会、商业组织、社会俱乐部，甚至家族中。人们通过提出想法、成为发言人、被选举或选择，走上有影响力的位置，或者成为有贡献的人以获得认可。获得这些认可是一个人渴望得到公众注意的常见方式。一个有关掌声的简单实验，能强调认可的效果。当我要求人们一个一个站到小组前说出他们的名字，然后好好听一会儿大家的掌声时，他们都有显著的反应。让人惊讶的是，这大概是他们允许这种欢乐涌向自身的最大限度。很奇怪，鼓掌者也会如痴如醉。即使是蓄意安排的，鼓掌也会让双方激动兴奋，因为它激发了一个基本需求——认可他人与被他人认可。

为了满足对认可的需求，人们为生日、结婚、毕业、周年纪念、升职、退休及死亡举行庆典，这些个人的里程碑，为人生旅程留下了印记。还有无数其他的机会：为一个朋友乔迁新居而开一瓶香槟，特别拜访一位朋友，或者写一首赞赏的小诗。这些机会或多或少是正式的，如果它们是认可的基本来源，那么在这些机会之间，还是会留下许多干旱期。幸好，认可的机会在正常的生活中也很丰富——通过彼此自然的感知，通过相互发表意见，通过人们交谈时表达感受，通过一起工作时获得成功。斯塔兹·特克尔在他的《美国人谈美国》一书中，实践性地探索了各行各业的人们通过认可自己生活与工作的感知和欣赏。这里有一段来自于他们中的一员，一位建筑工人极富洞察力的评论：

> 你有许多值得自豪的地方——我不在乎你做了多少。你沿着马路行驶时，你说，"我修过这条路"；如果有一座桥，你说，"我建过这座桥"；或者你开车经过一栋大楼，你说，"我盖过这栋大楼"。也许这对别人来说没有任何意义，但对于你来说有一种知道自己有所贡献的自豪。
>
> 那栋医疗大楼是我们盖起来的。那些花岗岩是从加拿大进口的。真的非常昂贵。那一面的花岗岩都是我贴的。贴的时候一点儿也不能刮花。那是一份精神食粮，你知道自己干得漂亮。当有人从这栋建筑前走过时，你可以说："嘿，这是我建的。"

在这个男人的位置上，得到认可不同寻常。他知道自己的贡献，不过他人未必看得见。尽管他感到很自豪，但要想获得内在的温暖，还是需要他参与到他人中间，将自己出色的工作告诉大家。将成就视为理所当然，会使之逐渐淡化成为一种了无生气的常态。但在特克尔的指引下，最微小的英雄事迹也会获得应得的关注。做任何工作或项目过程中，都

第七章
打开聚光灯

有许多艰辛,经常给我们的自豪与欢欣蒙上阴影,而这一次,自我实现与欣赏很清楚地展现出来了。

问题也需要被认可。这里有特克尔笔下的另一位人物,他在做消防员之前是位警察,他表达了自己的世界让人气馁的现实及他对周围人的感激。他说:

>……我看到了人们的问题。十个人挤在公寓里,没地方可去,除非坐到大街上喝啤酒。我猜自己是从我的父亲那里获得这种感受的。
>
>我父亲是个了不起的人。我知道他经历了一切糟糕与艰难的时光。我没看到他是怎么克服这些的。我以前常常醒着躺在那儿,喝着酒整晚听他讲话。我以前经常哭。他谈到了那该死的战争,所有的钱都用来打仗了。去打仗的那些人就是工人的儿子们,对吗?人们没有任何东西可吃……我说,唉,如果我再没有任何收入……这些孩子在这儿游荡,爱尔兰孩子,意大利孩子,二十五岁,全是酒鬼。有个家伙死于受冻挨饿。他是和我的小妹一起出去的,但现在他死了。

这个人的绝望与咬牙切齿的愤怒很明显。他的内在中也有智慧、分寸与同情心,尽管穷人的境遇并不是新闻,当他说起自己的贫穷时,他成了折磨人的这个世界的中心。此刻,无论他对这个世界有没有掌控力,他都是权威,而且知道想象的真相。面对改变时自己的无能为力,这可能是个小小的安慰。但是在他个人生活这个小一些的范畴内,通过他欣赏周围的人,他从困苦中挽回了一定程度的自我认可。

尽管人们普遍尊崇独立,但并不仅仅是通过内在评价了解自己,也通过他人对自己的反应来了解自己。这种聚焦于外在的行为有坏名声,因为人们显然过于看重别人对自己的看法了。结果造成的循规蹈矩,可能在最让人惊讶的地方突然出现。例如,有个朋友出席一场大型会议,他是唯一打了领带的人。另一个人注意到了这条领带,说:"你可真是个规矩人。"这种对独特性可笑的不准确认识,说明了这种认识的错误,它危及了一个人自我认知的准确性。假设一个人对你说:"昨天我在街上看见你了,试着想引起你注意,但你没看见我。你真是个非常坚定的人。"他看见的是你双眼周围紧绷,步履匆匆,冲着目标一直朝前走——然后,你突然被说成是一个坚定的人。你是这样的人吗?实际上,你可能一直全神贯注,而不是坚定,或者你也许因约会已经迟到了而着急。当一个人被错误地认知,对这个人体验的认识就会模糊起来,或者否定了这个人体验到的现实。反过来,如果观察者的意见很准确,就会为对方的原始体验增添真实性,并强

第七章
打开聚光灯

化对方与观察者的结合。

有个例子可以说明准确认可的价值。在一节通过播放录像治疗的课程中，有一个人抱怨她的母亲，说她专横到了荒唐可笑的地步。当她被邀请扮演她母亲的那副样子时，她照做了，语气特别咄咄逼人，而她自己说话的语气则非常消极。她更喜欢自己扮演母亲时产生的高能量，但她相信自己的语气更善解人意和礼貌。后来在观看录像时，她看到了自己演绎的母亲很强大，并不荒唐可笑，而自己的语气则像是"唯唯诺诺的人"，不是自己想象的敏感的人。录像的回放将她从消极被动的光环中摆脱出来，进入了充满活力的自由的新视角。

另一个人，我的一个朋友，很难为情地告诉我她漫长的工作时间。真的很长，从早上5点30分开始，一直延续到晚上，演讲、电视上露面、参会，等等。尽管她为此表现得很忧虑，但我知道她热爱忙碌的生活，而且她通常看起来美好而快活。当我告诉她，我认为她的工作安排非常好时，她非常惊讶，因为她以为我会反对她。然后她告诉我，仿佛在向一个同谋坦白，她不想在任何事情上降低标准。除了隐约有一点儿自己在做什么错事的内疚感，她一刻也没为自己的工作后悔过。我的话认同并丰富了她内心的真相。

我的朋友很看重自己的隐私，但是，当我认可她后，她就不再需要这种隐私了。尽管注重隐私很有必要，甚至是很美好，但当它成为习惯性做法时，就可能会变得像囚室一样限制了你。所以，一个宽厚之人的行为会照亮另一个人。这是通过我们这样说话做到的，例如"我不知道这对你如此重要"。你也可以说"我从不怀疑你的真诚"，或者"我很高兴你能来"。这些普通的点评，都是年复一年积累起来的小小的认可。这些认可产生了肯定和扭曲，可能要么强调了我们自己的现实，要么使我们偏向错误的觉察。

　　漫画这种艺术形式是一种特殊的自我认可。某些特征从背景中呈现出来并被赋予不相称的关注。这可能是种痛苦的体验，因为强调一种特征，会扭曲一个人的健全感。漫画的目的——无论是贬抑或幽默——都很重要。一个长着虎牙的政治人物可能会被画成长着尖牙，使危险又狡猾的大毒蛇形象被接受。另外，有些漫画可能是表达了对爱的认可，即使被强调的特征不是特别让人满意。

　　笑话也可以是一种认可。开玩笑说某人不可避免会迟到，认可一个朋友狭隘的性暗示，提及一个表亲始终如一的多愁善感，或者夸大某人的慷慨、勇气、自大、活力、创造性或耐心——所有这些都能引起特别的关注，即使它们不应该被误解成对目标人物全部特征的描述。朋友之间，很明显，如果一个人的全部特征都不会丢失，那么突出一个特征可能会很有趣。当然，对某些人而言，如果谨慎地避免误解，就会

第七章
打开聚光灯

让这事儿不好玩了。不过,安全感可能来自一个人对自我健全性的自信及关系的可信赖度。

　　名声是另一个层面上的认可。演员、运动员、政府领导、艺术家和冒险家显然是公众关注的对象。他们对名声的需求如此强烈,以至于激发了野心与无数的白日梦。许多人为了获得名声,会承受巨大的压力,表现出比实验用的小白鼠在饿得要死时选择可卡因带来的欢愉更甚的感觉。显然,在吉米·卡特总统任职期间,尽管他在大选中"赢了"杰拉德·福特,因此获得公众的关注比福特多得多,但从个人生活过得好不好的角度看,他实际上是个失败者。他看起来老了许多,持续被攻击,常常看起来很愚蠢。他的决定是否明智,关系到数百万人的命运。而他竟然还想竞选连任!

　　幸运的是,名声可以相应降低。据说,一位波兰演员在滑稽电影《你逃我也逃》中变得"在波兰举世闻名"。我们每个人都可以在自己的朋友圈或家族圈,工厂和学校,或者生活的小镇上或街坊邻居那里变得闻名世界。我们就这样体验着中心感,与此同时降低了我们的风险。对归属感的体验,就存在于一个人特别的世界,对每个人而言都是如此。被人记住,受到邀请,被人描述,听到一个关于自己的故事,给了我们中的大多数人片刻确定的存在感。父母在孩子眼里变得很出名,朋友在欣赏他们的人眼里变得很了不起。

风格

当某些特征变得可靠、清晰可辨时，它们就形成了一个人的风格

最近有一部电影《欢喜冤家》，讲的是一个女人离开了她的丈夫和孩子，当她丈夫把她追回来后，她冲着他尖叫，他反过来说了句很幽默的话。她说："这一点儿也不好笑。"他说："你尖叫，我开玩笑，但我们都很痛苦。"她的尖叫使她的痛苦很明显，而他的开玩笑却掩盖了他的痛苦。后来，当丈夫试图把妻子扛回家时，她告诉了他一个一直以来显而易见但他显然没有注意到的事实——她有了孩子且离开了他们，她结了婚且离开了她的丈夫。对她来说，她自己的风格很清楚，而她的丈夫却没有给予她的风格以必要的认可。

所有的人都可以接受某些特征成为主流。当这些特征变得可靠、清晰可辨时，它们就形成了一个人的风格。例如，有些人总是会注意到他人看不起他们，却注意不到他们自己看不起别人。有些抑郁的人，注意不到可以让他们高兴的那些瞬间。还有一些人，他们有地位意识，在地位低的人羡慕他们时可能不会感到开心，或者欣赏这些人身上值得注意的特征。

举个例子，有一个研究生，经过了一年治疗后告诉我，当他的其中一次考试受到了教授巨大的关注时，他非常惊讶。教授在班里大声地将他的成绩读了出来，还要自己复印一份试卷保存起来。对这位学生来说，本来应该习以为常的表扬，反而成了惊讶的源头。

这个年轻人一直在做两件事以阻挠这种认可。首先，直到现在，他说话总是吞吞吐吐，没有一句话不结巴的。其次，说话时，他似乎总是很迟疑，好像对自己刚说过的话很怀疑似的。从风格上讲，他在告诉大家他什么也不懂，其他人就更难注意到他说了什么了。一旦他开始不那么犹豫和怀疑地说话，他最终就能够获得自己早就该得到的认可。对他而言，这种认可意味着比追求个人满足的手段更多。这是一条了解自己真相的途径。这个年轻人的父母只注意到了他负面的情绪，他知道自己的表现比他们的评价更好，而他好长时间都无法克服这个形象。

情境

注意力的提升可能会受它所处情境的强烈影响

注意力的提升可能会受它所处情境的强烈影响。举个例子，假设你在报纸上看到约翰·史密斯实现了自己的首次单人飞行，这件事本身没什么值得特别注意的。如果新闻随笔说约翰·史密斯是首位实现单人飞行的截瘫患者，你的兴趣就会大增。如果你自己是位截瘫患者，重点关注的价值就更加放大了。

比这个例子更复杂的是下面这件事，盖尔·戈德温特别强调牙齿缺失的部分。在她的小说《一位母亲和两个女儿》中，戈德温写道："没有什么像一颗缺失的牙齿，甚至是一颗牙上的一小块儿，提醒着你时光老人正逐渐瓦解着你珍贵的自我这座宏伟的大厦。她（盖特）不知道塔格特·麦科德（自杀了）死时满口牙齿是否完好无缺，抑或有些齿桥或豁开的口子，每个都提示着她内在的信心被进一步磨蚀。"一颗牙齿崩掉一块，本身是小事一桩，但是，当它被放到自尊、衰老和自杀的情境中，就非常关键了。通过这些关联，牙齿崩掉一块就值得强调了。

心理治疗师通常会唤起患者关注情境。一个叫金尼的人，谈及下雨天的一次车祸，说她事后一个星期都还惊魂未定。她说话软弱无力，流着眼泪，但搞不清楚为什么这么小的一起事故其影响却一直挥之不去。不过，随着金尼慢慢进入状态，结果是这起事故让她想起了好几年前的另一起事故。那时，她作为一位社会工作者，开车送一位十三岁的男孩——也是一个雨天——回他父母家。当她通过一块被遮挡

第七章
打开聚光灯

住的停车标志牌时，一辆卡车撞上了她的小车，男孩死了。现在，这起旧事故的体验将金尼当前所受困扰的心理暗示引出来了，她从未就撞车完全是一起事故这个事实与自己和解。由于她父母时不时指责她，她一直认为自己是个笨蛋。这两起事故固化了她的笨拙。

另一位客人爱丽丝，对她的治疗师诉苦说，她颈部僵硬，这让她不堪其扰。有人可能认为，除了同情她的小痛苦外，这个信息没什么价值。然而，心理治疗师会探索这种倾诉，相信平凡的小事也具有丰富的内涵。爱丽丝是军营里长大的孩子，受严格的纪律管束。在她接受的教育中，端端正正坐着，直视前方，不许提问，是核心要求。当治疗师要求她转动她的脖子，看看这个动作会怎样影响自己时，让人惊讶的事发生了。她朝办公室的天花板看了一眼，不假思索地问那些横梁是真的还是假的。通常，这对她来说会是大胆的评论，而且如果她只是保持脖子静止不动，观察也不太可能实现。然而，她没有撤回或改变自己的评论，而是开始开怀大笑，成功接纳了自己带着快乐的放肆。她僵硬的脖子，在治疗师格外关注后，放松了起来，随后僵硬感一反常态地消失了。

在日常生活中，要想提炼有助于突出某件事的情境，可能很不容易。要做到这一点，可能太个人化或者需要花费太长时间。一个人一般不会要求别人转动自己的脖子，看看脖子出了什么问题。而在更多容易辨识的情境的方方面面，人们可能不知不觉地在回应。一个男人打电话告诉我，他即将进入儿科工作，这件事本身没什么值得特别注意的。但这个人是我的朋友，已经离开临床工作二十年了，这样的决定会扭转他的人生。从这个情境出发，我可以在他谈论他的新期待时，和他一起热情洋溢地讨论。

或者假设我打电话给另一个朋友，问她在干什么。她正在给儿子熨衬衣，似乎这是个平凡的举动。然而，我知道她儿子只有一条胳膊，而且无论她把他的衬衣熨得多平整，有些邻家小孩还是会视他为"异类"并远离他。我了解她的乐观与爱，与此同时我也感到了悲伤，而她原本平常的话语，在我听起来则更加辛酸。

后果

人们往往会忽略很有价值的后果

一架飞机坠毁，会立即被全国关注。尽管大部分事情不会有这么明显和影响深远的后果，但它们还是会对未来起一定的作用。作用越可辨识，后果就越重要，相关体验受到的关注就会越高。

第七章
打开聚光灯

由于发生的许多事情并不会宣示其后果,治疗师和小说家必须用后果来强化一件事。有些后果可能主要在回顾时才看得到。例如,林肯劈木头的经历之所以被看重,是因为很久以后这件事提升了他作为一位平民总统的声誉。但是,对于平常人来说呢?尽管后果是生活的一个自然组成部分,但每个人往往还是会倾向于忽略很多可能被证明很有价值的后果。例如,假设在荒无人烟的沙滩上有个人在唱歌,曾几何时他可能边走边创作出了一些悦耳的旋律。但他回到家或者工作时,可能就忘记了自己创作音乐的时光。这看起来像是没有未来的单一事情,但作家不会放过这种无关紧要的事。他就想留意这类事情,并在自身角色的未来中为这类事情找到一席之地。对他来说,创作音乐的时光可能将他的角色引向对新朋友至关重要的一个选择,或者引向他让人绝望的刻板无聊处境,又或者引向创作歌曲并把它写下来的一个决定。

治疗师首要关注的问题之一是,让治疗过程中发生的事改变患者在治疗室外的生活。许多患者并不那么容易看到这些关联。每当一个女人与她的丈夫意见不一致时,他们就会僵持不下,他们总是这样。她与我也意见不一致,每个小小的分歧都会引发敌对状态。她将自己的意见放到一边,回顾了一遍自己的童年和青春期,但是作为成年人,她还是顽固地不愿意忽略自己的观点。她与男人的意见不一致,也与她丈夫的意见不一致，这导致她非常焦虑不安，因为她总是感到被误解和贬低。渐渐地，她能够从与我的纠缠中恢复过来，而且对自己捍卫自己的权利的做法感到好笑。然而，她并没有看到这种笑与她对她丈夫的期望之间的关联。当我强调说，她与我之间让人愉快的决议对她与丈夫的生活是很好的练习时，她当然不同意，不过她笑了，意识到自己又在故伎重演。不过，她的笑标志着如果她能够承认与我之间的决议，她就可能在与她丈夫的互动中照着做。

当然，后果并非都是好的。举个例子，当一个人关注被解雇后可怕的方方面面时，他可能会陷入一种冷漠的状态。不过，幸好让人畏惧的后果并不像许多人想象的那样完全是可以预见的，一个人能够扩大有可能产生的结果的范围，来点亮郁闷的感觉。他会意识到，有些事情几乎是不可避免的。

过度聚光

聚光灯下的生活也会扭曲一个人现实的健全性

尽管特别关注会使体验熠熠生辉，但总是在聚光灯下，要想自然地生活也很不容易。如何协调对特别关注的需要与隐私的需要，对于站在舞台中心的人来说是个持续的挑战。

第七章
打开聚光灯

在一次电视访谈中,劳伦斯·奥利维尔勋爵提到演员在读他的表演评论时,描述了这种矛盾的尴尬处境。奥利维尔观察后指出,演员一定会防止放大评论的效果,此后又以一种有自我意识和言过其实的方式扮演它。然而,如果不能从评论中受益,将是一种损失。评论给演员提供了非常宝贵的信息,甚至是继续为表演增光添彩的灵感。如果演员能够拒绝模仿被赞扬的东西,或者拒绝被批评的东西的威胁,他就可能会重新创作,而且在接下来的表演中享受细微的差别。

同样的复杂情况存在于更小的规模中——一个男人的朋友开车来接他去玩短柄墙球,假设这个男人每次都冲出去迎接朋友。有一天朋友告诉他,他很喜欢他孩子般跑向汽车的方式。这个男人当时很高兴,但几个星期以后就会对"卖弄"自己的热情感到很不自然,于是不再跑向汽车。当他最终再次跑向汽车时,他感到很自然,不过有了新的感觉。一种他原来不曾意识到的欢欣,变成了天真无邪行为的一部分。

聚光灯下的生活也会扭曲一个人现实的健全性。人们常常被放大了的存在感诱惑,以至于失去了放大的生活片段与平常的生活片段之间的联系。举个例子,不管战争英雄获得多少人吹捧,他还是知道吃新鲜玉米、努力通过大学的训练、赴约、刷牙等都是怎么一回事儿。这同样适用于从学校退学的人,他们必须超越自己的耻辱感。我们必须克服冲动,别把日子过得好像一切都是为了引人注意似的。

尤其是心理治疗师，由于他们的工作非常专注，因此必须考虑到这种冲动。治疗师往往相信自己了解患者，实际上他们了解的只是患者生活中虽然非常重要却很狭隘的部分。我经常能惊讶地看到患者在从个体治疗进入集体治疗后的巨大差异。还有一点让我很惊讶，当我因为某种原因在办公室以外的地方见到他们时，他们的差异很大。在治疗室关注终身粉刺问题的人，可能也是他人信任的可靠工匠；在治疗室很害羞的人，可能是个伟大的舞蹈家；在治疗室口若悬河的人，可能在会议上很少说话。

聚光灯现象的结果可能是一个固定的图像。当这种情况发生时，就会有一种僵化的自我形象和重复的存在。为了获得超越任何瞬间或任何个人特征的认可，必须将仅仅照亮它所指地方的聚光灯来回探照，以创造新的图像，就像万花筒。当它无法自由转换时，人们就会陷入选择性地相信事实的一部分的状态。而这部分事实往往是有害的，就像有心理问题的人表现出来的习惯性信念。人们必须搞清楚自己不仅仅是无足轻重的人，死亡也不一定立即会降临，或者他们的婚姻生活不仅仅限于在孩子的教育问题上无法达成一致。

第八章
着迷

在美好的日子中，凯斯特勒产生了一种罕见的对生活的激情及面对未知的深深的欢乐。他似乎证实了尼采的洞察，即男人和女人内在的动机比爱、恨与恐惧更强烈。就是对某种事物、知识体系、疑难问题、爱好和明天的报纸感兴趣。凯斯特勒非常感兴趣。

——乔治·斯坦纳

有个患者，在另一个人正要离开时走进我的办公室，问："你什么时候休息？"我告诉他，我在给他治疗时休息。他觉得这个机敏的回答很好笑，不过这句话不仅很幽默，确实还包含更多的真相。通过我对他越来越感兴趣，我的工作会很轻松并让我精神焕发，就像汽车的电池在马达运转的同时也在充电。

这并不是说我来这儿是玩儿的，对他来这儿想解开的疑

第八章
着迷

难问题不以为意。不过，随着流畅地接受他跟我说的每一件事情，我的思维自如地在这些事情上做着印记——不需要太多技术干预——自然而然地转向他带来的与治疗有关的问题。许多人不会这么轻易地深深吸引我，他们会把那些有意思的事情藏起来。无论患者采用何种掩盖方式，治疗师都要学会发掘这些事情，这也是治疗艺术的一部分。

除了缓和关系和恢复精力，着迷还有更大的作用。它是生产力的关键。竭尽全力做到最好很有必要，特别是在探究和经营家族生意时，它会让人注意力集中，它激发了创造力，它承认了事实，它会把战术组织起来，它产生了情感回报，甚至是它自己的回报，它凝聚了体验，它将一瞬间的体验轻松引向下一刻，好像小鸟一个音符接着一个音符地歌唱，好像动物一大步接着一大步地奔跑，或者好像一个新生儿天真地将目光从一个物品移向另一个物品。着迷激发了如饥似渴的学习、不眠不休的工作、身心愉悦的性爱、优雅得体的举动、科学系统的发现及小说的一连串构思。

尽管有这些好处，但人类本性中存在的着迷与文化的优先选择之间，存在着长期的斗争，在最好的情况下，文化的优先选择会使着迷处于被"有利地"引导的状态，而在最坏的情况下则会使它消失。从压抑与逃避之间的摇摆中汲取素材时，治疗师每天都要面对这些沉闷无聊的难题造成的结果，小说家也是一样。当别人可能只是选择性地表现得吸引人时，许多人往往最终会活得平淡无奇。尽管后者通常很有趣，但患者可能还是不太愿意接受治疗师的治疗，因为治疗师的兴趣往往会唤起他们刻意回避重要的记忆、感受、语言或意图。因此，在一些特别关注的领域，有些本来很有魅力的人，也会变得很愚钝。

当着迷被患者枯燥乏味的回应方式阻断，或者兴趣被引向错误的方向时，重新创造兴趣就成为治疗师手段的一部分。治疗师通过敏锐地辨识患者被忽略了的品质，来对抗患者的保护色。特别让人惊讶的是，精准敏感、方向明确并全神贯注地关注，经常会使患者产生一种"着了魔"的感觉。这种施魔法般的关注或多或少会将患者从自身惯常的障碍中释放出来，给治疗师一个入口，仿佛催眠一样，进入患者精神的私密区域。这种敞开心扉交流的影响，在下一章中会更充分地描述。患者发出的暗示会转变成猎取信号，可以引导我们去发现角落里被忽略的那些片段。

我想起一位僵硬地坐着的患者，他腰杆笔挺，对非正式的观察者甚至他自己来说，他是个平淡乏味的人。治疗方面的专家会发现其他可能性，即刚硬的肌肉组织提示了强大的体力或耐力。这个人看起来很强壮，足以把治疗师的桌子从窗户扔出去，或者很有耐力，足以挺过多年的流放。另一位

第八章
着迷

患者可能只是让人泄气地说些他自己都不在乎的细枝末节的话。而治疗师的关注，可能让他放松并进入感受大量失望与羞辱的状态中。治疗师还可能在另一位患者脸上看到一块缺血的肿块，就想出一个办法促进血液更顺畅地流动；或者他可能看见臀部生硬地与腿相连，就提示患者该怎么摆放那双腿。可能他看见一个人吝啬的举动，就会猜测这个人为自己省钱的目的；看到松弛的下唇，就想象白痴状态是一种什么感觉；听到过度包装过的语言，就会去激发出粗俗的言行。

一位年轻工程师戴夫，是比他自己了解的更有意思的那些人中的一员。他很久以前已经放弃了做个有意思的人，但是当他的妻子不再想和他维持婚姻时，决定性的打击就来了。当他来找我时，他已经和她分居六个月了，而且与另一个女人住在了一起。然而他体验到了莫名的不安，而且无法将他前妻赶出脑海。他对她的痴迷，毁了他所做的一切。

戴夫小时候，他的父母经常出差，把他留给了管家。他的父母异乎寻常地以自我为中心，莫名其妙地忽视他。他们现在还是这样。然而，他并没有意识到他们是以自我为中心，他只是认为自己对别人来说很无趣。对我来说，看到另一面很容易。有一天，在讨论他的工程师工作的时候，他能够承认对自己的工作非常感兴趣，甚至是着迷。他认为这只是他的个人兴趣，而对别人来说并不是足够有趣到让他跟他们谈论这些。当我问他,他们一般会对什么感兴趣时,他说:"消遣。"一点儿也不奇怪,他认为自己的消遣活动不值一提,因此他也不告诉别人。他是潜水爱好者,即便在我这个旱鸭子的思维里,也是有点儿浪漫的味道。下面是我们接下来的对话:

戴夫:大部分时候,我和一个伙伴去玩潜水,他叫奥斯卡,他和我在同一层楼上班。最初我们沿着这条海岸潜水。我们喜欢在当令的时候去抓鲍鱼、龙虾,刚刚过季了。这真不错。你捕捉到很棒的海鲜的同时享受了潜水。随便下潜到哪儿,没有任何目标,我从中获得了极大的乐趣。

要注意那些通常会一晃而过但未被记下的有关兴趣的许多暗示。首先,他从暗指自己与奥斯卡亲密和特殊的关系开始。然后他继续讲了自己丰富的知识,很少有人知道这么多。他说出了关于开心的词语:"真不错""享受""极大的乐趣"。他还增加了他对目标的自由,甚至一点儿冒险。他喜欢说这些,我也喜欢听。不过他并非行家,一切都随着他的讲述结束了。我不打算让这种情况继续。为了让他练习他缺乏的鉴赏力,我跟随着自己的好奇心进一步问他。

第八章
着迷

我：你是用手、网还是别的工具抓龙虾的？

由于我对潜水知之甚少，我真的想要一个答案。他能感觉到我的兴趣，这使他开始关注细节的扩展，并超越了什么值得说什么不值得说这些抽象的定义，继续往下说。对他而言，我对细节明显的着迷就像润滑剂，为了抓住我的兴趣，他甚至是在引发我的兴趣，他的话变得更有色彩：

戴夫：是啊，用手。你必须用手抓住它们。我们从来没有潜过那么长时间，这是我们想去抓龙虾的第一个冬天。刚开始我们想在白天抓，结果非常困难，因为它们躲在岩石下面，而且你搅动水的瞬间它们就溜走了。所以，抓到它们非常难。但是如果你晚上去，它们全都出来到处爬。如果你用光直接照射它们，它们会一动不动。而且它们移动得比白天慢多了。我们尝试晚上去，这真是太棒了。

现在活动更加激烈了，他用一些生动的语言描述自己参与的较量，龙虾的行为、黑暗、手电筒、溜走、躲藏、困难、爬行、呆住——所有这些词都增添了这件事的活力。他丰富的知识与天真无邪也再一次显现出来,而且彼此形成了有趣的反差。

  我:你必须到水下去抓它们吗?

  戴夫:是的。通常我们大约是在60英尺(约18.29米)深的地方抓到它们,不过情况各异。晚上潜水真是很棒的体验。水里有很多磷光,连气泡都是绿色的。

我能够感受到他的兴奋感在增强,他甚至把它说成是一次很棒的体验。并不是说他以前从未感觉到这一点,而是此刻他不必再掩盖它。在他的描述中,他不仅仅在做有趣的事,还在承认这件事,这有助于证实这件事。

  我:你晚上在水下看得见吗?

我很惊讶你看得见。我很幼稚,而他可以教我,角色的反转也很重要,因为他会接受自己为我普及这些知识。

  戴夫:这取决于有多亮。有灯你就看得见。在一个月光明亮的夜晚,没有灯你也能看得非常清楚。

第八章
着迷

这真让人惊喜。在晚上,你还可以看到更多不同于白天看到的东西。那是一次很棒的体验。

尽管我很幼稚,戴夫还是愿意教我。他也在继续承认对一次很棒的体验天生的着迷。

我:除了龙虾,你还抓到了什么鱼?(继续往下说,戴夫!)

戴夫:我不知道它们的名字。有各种各样的鲈鱼、岩鱼,有时候还有大菱鲆或大比目鱼。

我:你还抓了这些啊!

戴夫:我们有一支鱼叉。我自己并不是太喜欢。杀无脊椎动物比杀脊椎动物让我良心受的谴责要少一些。鱼儿游来游去。为了一顿饭我可以这么做,我们确实抓了一些鱼。噢,是的,还拍了照。水下摄影,也真的很好玩。特别是当你靠得很近去拍小海葵之类的,等你把照片打印出来就能看到,真的太美了。它们是那么迷你,以至于你无法用肉眼把它挑出来。

戴夫在对待脊椎动物和无脊椎动物的感情上做了有趣的

区分，然后还增添了个意外的惊喜——介绍了他的摄影。新事物陆续涌现，通过告诉我所有体验，他知道自己在做什么，这一点很重要，否则他漠视的习惯可能会降低一件事的冲击力。治疗师可能常常依赖体验本身去播种未来，不需要评论。任何人都很容易忽略自己的体验，而不注意这些体验的有利暗示。对像戴夫这种特别容易受伤害的人来说，来自他人对体验的看法，常常很有帮助。因此，我后来告诉他，他让我非常感动。他的反应显示，他明白了我的话，而且愿意让它渗透于心。

我：你似乎非常清新而充满活力，与之前比较，我越来越了解你了。我很高兴以这种方式了解你，不仅仅是抽象的你，还有有血有肉的你。我能看见水中的你，我能看见你穿着潜水服戴着氧气面罩，我还能看见你抓着一只龙虾。我能看见你和你的朋友在一起，我也能看见你在用手电筒。我能看见你的动作和能量。你的现实感更加充分，而我可以想象，对你来说，超越你对自己的所有抽象体验去体验你的现实非常重要。你是这个，你是那个，你是个男人，你是个工程师，你是个儿子——所有这些都是头衔，但它们不足以让我看到你的本质。你不

第八章
着迷

认为自己的现实非常丰富,因此倾向于忽视它。

戴夫:是的。你这么说时,我意识到了自己是这样感受的,正如我应该跟你讲有关我的事一样。然而,当我跟别人交流时,我也很愿意听一听。正如你所说的,让它们充实起来。

这次治疗有个值得注意的余波。在治疗过程中,尽管似乎没有任何东西与他的前妻及他迷恋她有一点点联系,戴夫却没有再和我谈起过她。几次会面后,我问他,为什么我再也没听他说起过她,他说她只是不再出现在他的脑海中。锣声不再,反响没了,而我相信这次治疗充分打开了戴夫的思维,他之前的兴趣集中在他前妻对他的排斥上,但现在对他来说这些都无关紧要了。那一刻,他微妙地感觉到可以自如地与跟自己关系紧密的人继续过日子,特别是和他住在一起的那个女人及同事,他从与他们的相处中获得了很多愉快与成功。人们可能不太相信,以某种方式让自己更有趣,从而减轻自己的缺失感,这本身就具有了恢复力。

有个由杰伊·黑利报道的例子,进一步说明了兴趣的重要性,这个例子是我们这个时代最有智慧的心理治疗师米尔顿·艾瑞克森提供的。有个年轻人采访他,他正向年轻人讲解他给一个患有洁癖的女人的治疗。艾瑞克森说:"我不研究起因或病源，我唯一深入询问的问题是，当你待在淋浴间几个小时用力擦洗自己的身体时，告诉我，你是从头顶还是从脚底开始，或者从身体中部开始——你是从脖子开始往下洗，还是从脚底开始往上洗，或者从头部开始往下洗？"

采访者：你为什么这么问？
艾瑞克森：以便让她知道我真的对此感兴趣。
采访者：以便她能和你一起对此感兴趣？
艾瑞克森：不，以便让她知道我"真的感兴趣"。

采访者对艾瑞克森强调的话恍然大悟，这似乎是在尝试将艾瑞克森的话换一种说法重新表达成比"真的感兴趣"这句话更重要的内容。但艾瑞克森不会从非常简单但至关重要的那些言辞上转移开。他相信她不会意识到她对他而言真的很感兴趣，可能几乎没人会感兴趣。不过她清洗身体肯定是一种值得注意的现象，即使她非常机械地在这么做，而且对这种行为的特殊性不予理会。

艾瑞克森的患者也和许多人一样天生擅长转移兴趣。患者反复讲述相同的老掉牙的故事，说话的时候把视线移开，审视自己独特的想法，穿着单调乏味。患者在展现乏味无趣方面，常常比治疗师更聪明，这一点本身就让人感兴趣。毫

第八章
着迷

无疑问,这个患有洁癖的女人正在走向战胜"无趣"的游戏道路上,不过,顽强的治疗师在觉察事情的所有细微之处时,也知道充分觉察清洗某人身体这种行为,可能会唤起许许多多关联的可能性。如果恢复她的兴趣,可能会引导她想起过去有个老师嫌她脏的屈辱经历;或者可能让她回想起有一次她跳进父亲的浴缸里之后被扔了出来;或者只是让她想起一遍又一遍地洗澡时简单的愉悦感。或者她可能注意到自己的肤色,感觉这真的是自己的皮肤。或者恢复她对正在做的事情、她真正想做的事情的感觉的可能场景……对她来说,对此感兴趣及知道别人也感兴趣,会有助于确认自己可能已经放弃的存在感。

这种从平凡到迷人的转化,同样受到像芭芭拉·皮姆等小说家的关注。在她的小说《优秀女人》中,主人公米尔德里德是一个乏味的女人,用她自己的话说就是,好像她"没有权利在自己的家门外被发现"。通过一系列经历,她变成了一个充满个性和兴奋的人,不是通过自己下决心,而是通过新的机会与刺激。在她人生的大部分时间里,她身边围绕着心胸狭窄的人,她只是没有注意到自己有独立觉察力、对新认识的人殷勤好客、心思灵活。两个陌生人搬进她的公寓楼并很快喜欢上了她,他们将她介绍进了自己一心一意为之服务的看法完全不相干的教会圈子。这两位粗心大意、最初让她望而生畏的学者，唤起了她内心深处的感受，与此同时她逐渐认识到自己的内在具有与他们建立充分关系的才智。她之前像只老鼠，现在成了能够看到他人真实样子的人。她开始在他人中做自己的选择并感受自己对他们的影响力。

这本小说强调的是由两位新进入米尔德里德生活的人带来的影响。这两个人不打算改变米尔德里德。随着一段时间的相处，他们发现她是个有趣的人，虽然与他们不同又自私。在人际合作中，不论是哪些因素创造了新的化学反应，米尔德里德决定此时将自己以前回避的这两个人纳入自己的生活。也许她在这些新境遇下的思想扩展，在碰巧准备好去改变的情况下产生了。

治疗也有类似的情况。正如米尔德里德的邻居将新的活力注入她的意识里，治疗师也会为患者的生活提供新的存在。他成了"第五个角色"——罗伯逊·戴维斯同名小说中的一个特殊角色。他所说的"第五个角色"指的是老式歌剧或戏剧中的一个角色，戏中这位演员既不是英雄、女主角、红颜知己，也不是反面人物。然而，为了带出"褒扬或结局"，却必须有这个角色。戴维斯的《第五个角色》中的一个人物叫邓斯坦·拉姆齐，他在十岁那年躲开了一个雪球。这个雪球本来是打向他的，结果把本地一位牧师太太打倒在地，导致她腹中的胎儿早产。这为戴维斯开了个头，让他创作了三本

第八章
着迷

引人入胜的小说，描写了他虚构的几个人物的命运。

这种影响，偶尔会有再造力，会发生在所有人的生活中，但人们常常把它抛弃了。治疗师不仅必须注意这种影响，还必须注意"第五个角色"本身。他是患者人生中的新人，不是主要角色，但是个转折点，能促进患者在新层次上的体验。他的任务是确保患者能够作为奇迹般的补充被自身接受，尽管他最初在患者的生活中并没有一席之地。他特别的精神特质——富有洞察力、礼貌、幽默、谈吐清新——会很容易被他作为技术工具而掩盖。他毕竟只是一个临时的存在，是块垫脚石。

技术与着迷之间的相互作用

着迷只是治疗工作的一部分，它与技术的智慧相辅相成。要提升着迷对每个人的作用，必须遵循与治疗主题相关的原则。让人感兴趣的事太多了，其中只有一部分会切中治疗的要害，许多有趣的现象几乎不会有回报。治疗师对患者美丽的隐喻着迷，可能会导致他忽略了自己饮酒的问题。说话大舌头，最近去了一趟非洲，或者在去办公室的路上见到一起车祸，这些最好都别去管。或者即便这些事都非常有趣，但暂时不会有什么回报，可能只有关注它们的时机恰当时，才会带来回报。

在大脑中记住无数这类技术考量的同时，治疗师也在接受严峻的考验，觉察自己的大脑是否也对简单反应保持开放。这在新的兴趣与指导方法之间做了区分，治疗师忠实于自己所学的程序和步骤，常常会让自己分心，无法全心全意地欣赏所有患者带到治疗中的许多迷人特征。因此，在他遵循的方法中，应当包含一份鼓舞人心的引导，以引发治疗中富有成果的着迷。幸运的是，对于敏锐的治疗师来说，那些好方法能起到这样的作用。

弗洛伊德，作为一个经典的例子，在他的精神分析技术中包含了一些着迷的基本来源。其中最主要的是自由联想。这种奇怪的自由，可以让患者确切地说出自己脑海中浮现的东西，不用管任何常见的语言要求，这是进入着迷状态很重要的一步。移情的概念也是把人们导向着迷的一个诱因。治疗师近乎成为患者人生中最重要的人的象征。患者对待治疗师的行为，成为患者理解人生重要性的关键。当发生的一切都是构建起患者心灵中基本元素的象征性标志时，没有哪件事是偶然发生的。事实上，尽管许多人在这种环境下很容易感到无聊——分析师和患者都一样——但移情的意义为这个时代更吸引人的活动之一提供了机会。

第八章
着迷

在1950年前后，完形疗法也建立起了进入着迷状态的方法论灵感。首要的是着重强调体验的即时性及敏锐地协调这种体验。获得高度关注的体验，其范围从简单的知觉（例如咬紧牙关）到广阔的价值体系（例如希望为穷人争取政府的支持）。有针对性地关注关键事情，会引起特别强烈的感受，这一点已经非常清楚。

完形疗法进一步强调了高质量接触的疗愈力，强烈反对普遍存在于我们文化中的个人化体验。支持高质量的接触，是对有关看、听、说、触摸及动作等简单接触功能的心理价值的具体洞察。这些功能的改善有助于进一步放大个人体验。随着这种放大，更高层次的着迷就产生了。

进一步强调即时性的是所谓"实验"，也就是说，对任何形式的必要行为进行治疗性的实践机会。举个例子，如果一位患者无法成功地对父母、配偶、老板或劲敌说话，那么他通常可以在治疗过程中进行练习。或者，假如一个人无法很好地表达自己的声音，他可能会被教导如何更有效地呼吸。立即采取行动创造了一种紧急情况——面对幻想中的危险人物或者从事危险的活动。这种紧急情况是相对安全的，因为没有人会被解雇、流放或惩罚，而且治疗师是治疗专家的盟友。尽管相对安全，还是会有许多人身风险，而危险造成了一种狭隘而强烈的专注。即使这些风险通常是有益的，但有些危险还是太大,所以治疗师必须帮着把危险保持在实验可控的范围内。

伴随着这些技术发展而来的巨大着迷,与当时在整个文化中明显增长的着迷需求是协调的。学校的学生开始认为大学教育应该和预科一样有趣;人们抛弃乏味的婚姻而不再忍受;知觉的市场扩大了,声音被放大,色彩变得更加夸张,等等。尽管这些扩大化带来了种种不幸的放肆行为,但在似乎普遍认为顺从是唯一选择的世界,无论如何确实助长了自私自利死灰复燃。

由于对着迷方法论的支持隐含在精神分析、完形疗法及其他疗法中,现在只要一小步,就可以与小说家一起更加充分地让着迷成为明确的注意力的中心。人们来接受治疗,不仅仅是为了解决一系列有据可查的问题,也是为了恢复自己着迷的力量并学会培养这些力量。他们已经怀着被迷住的期待阅读一些小说,而这些虚构的素材同样来自个人体验。当人们来治疗时,他们面临着自己无法领会的秘密、威胁他们的危险、他们无法克服的精神空虚、他们无法满足的爱及对重新获得已经逝去的机会的希望。他们有着独特而奇怪的特征,还与治疗师有着许多共同纽带,包括吃惊、大笑、暴力和堕落。只有筋疲力尽或心烦意乱的治疗师才不会入迷,即使患者自己可能只体验到了被阉割或折磨的存在感。

第八章
着迷

着迷对人有着微妙的确定影响,因为着迷时的全神贯注至少立即给予了他们的行为以尊重。尽管倾注真正的兴趣,为建立双方的关系提供了可靠的基础,但这与认可特定的行为无关。着迷的效果达到极点时,可能会是催眠,使陷入困境的人具有更强的变通能力。我为一对特别的夫妻杰克和亚历克西斯治疗时,我的价值观完全与杰克的冲突,然而我的着迷使他能够继续接受我的治疗。这提供了一种氛围,在这种氛围中,他可以将自己可能悲剧性的婚姻转变为让自己和妻子的伤害最小化。他们两个人在一起,简直就是一出滑稽的戏剧。他们婚姻的对抗性,使人联想到了乔治·西蒙农的小说《猫》。在《猫》中,就在结尾的时候,两个怨恨、压抑的人表现了一种掩盖一段腐朽爱情的仇恨,只剩下微弱的一丝温柔,微弱得几乎不值一提。妻子毒死了丈夫挚爱的猫。从那以后,他们之间的沉默就只能通过相互传递纸条和搞残忍的恶作剧来缓解。只有妻子死后,她丈夫才呼唤她的名字,而且渴望地想着"一切都再也不会有了"。

杰克和亚历克西斯更幸运一些,他们确实在事情无可挽回之前觉醒了。他们来治疗的时候,根本忍受不了彼此。他是个身材高大、健壮魁梧、脸色泛红,有着一种滑稽的钢铁厂男子汉的气概。而她是他在希腊遇到的一位神采飞扬、长得很有异国情调的女人。她甚至再也不想跟他说话了。奇怪的是，她还在为他做饭。不过，很难说出这两个人到底看上了对方身上的哪一点。她如此能量爆棚，以致她的皮肤似乎都要被这种能量撑开了，但为了保持平静，她决意把这股能量控制到紧张症的程度。她想要的仅仅是平静，她试图通过把身体紧绷得让人几乎能看出来的地步来获得平静。她只说简短的词语，甚至觉得跟他说一句话都多余。当然，这样不可能获得平静。当她忘记给他熨烫短裤时，他重重地打了她。即使是他的拳头，也无法穿透她充满讥讽的优越感的盔甲。她有"女强人的气概"，而且永不动摇，即使他严重伤害了她。

我走到长沙发旁坐在他身边。我把手臂搭在他肩膀上，问他是否知道自己原来是这么丑陋的男人。他难以置信我会这么说，而且被我的评价吓到了。他告诉我，谁碰上她都会想揍她，而我如果不这么想，我就是个娘娘腔。

他如此奇怪，就像一头试图在饭桌上吃东西的公牛。尽管我们的态度差距如此巨大，他还是可以通过我的触摸、观察我的行为以及我说的话，觉察到我对他们非常感兴趣，就像我目睹两辆汽车相撞一样。我对他这么做就是想表明，不用我讲出来，不管我们的价值观有多么对立，在这期间我投入了，就像无法让杰克把手中的书放下的人，让他欲罢不能。他和他的妻子都是非常有趣的漫画人物，为了他们坚持的决

第八章
着迷

定——例如，两个人都不愿意把房子让给对方——可能情愿永远在一触即发的氛围中忍受沉默。后来杰克变得没那么大男子主义并离开了，这一切始于他放弃了一栋对他而言没什么意义的房子。在这种情况下，小说《猫》中所写的偏执地往外伸手的疯子身上那种顽固的勇气，让位于灵活性和双方都同意的解决方式。

《猫》突出了婚姻中可能发生的最坏的情况，因为小说中的人物无法避开他们自己不情愿的想法。作者跟随他们，走向他们命中注定的堕落，让他们的卑鄙最大限度地自动展现出来。在他们的堕落之路上，没有任何阻挡。对一位作者来说，与一个特征完全一致时，要想找出接下来会发生的事，确实非常难得。当他笔下人物的思维被仅有的一种选择占据时，就会失去复杂性的制动作用，也就注定会成为悲剧。在这些人身边，没有人可以帮助他们改变自己的生活——即使是作者也不行，他只是好奇地看着接下来会发生什么。

杰克和亚历克西斯可能已经和《猫》中的人物一样了，不过他们没有孤军奋战。在治疗师这个"外脑"的陪伴下，他们发现了自己生活中的复杂性。把痛苦堆到对方身上，一开始看起来有一种让人沉迷的吸引力，他们只想扼住对方的喉咙，但后来，他们终于更在乎活下去。

他们共同经历的痛苦折磨很让人着迷，因为它阐明了婚姻体验的冒险性，值得每个人关注。他们的情形很像《猫》中鲜明的例子，不过，在接受人性化的解决方案之前，他们不需要一直坚持下去。作为一位见证者，我与他们一起被吸引，这使我更开放地面对那些有人情味的冲动，而不再仅仅执着于冷静的观察技巧。伊拉兹马斯很久以前写过一出讽刺剧，他通过简单的生活体验，走捷径穿过枯燥乏味的知识，进入了着迷的状态。他推荐了一种特别的奉承方式，比现在暗示性的话语更诚实，更像是着迷与和善并存。"这种思想状态……来自一种温和与正直……它支持情绪低落的人，安慰哀伤痛苦的人，鼓励虚弱无力的人，唤醒迟钝愚笨的人，振作生病的人，满足倔强难缠的人，将爱连接到一起并使之更紧密。它吸引孩子们接受自己所学的知识，使老人们热闹嬉戏，在赞美的幌子下，毫不冒犯地指出王子们的过错，同时为他们指出改正过错的方法。一句话，它使每个人快乐并接纳自己。"

这种全方位的着迷的具体化，有助于避免着迷被超然的专家发明的技术平庸化。

第九章
逃离当下

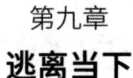

他们说尤利西斯厌倦了奇观,他看见朴实而葱郁的伊萨卡岛时,流下了爱的眼泪。伊萨卡岛就是艺术,一个绿色的永恒,而不是奇观。

——约格·路易斯·贝佳斯

要想更自如地理解"着迷"的疗愈作用,就应该看看其与近几年被广泛强调的"当下"的关系,这会很有帮助。强调当下,就强调切断了所有关注过去、未来之事或在别处发生的事,这种关注会让人分散注意力。当这些让人分散注意力的因素都消失后,就只剩下一种深刻的体验,相对于将所有的事情都考虑在内,这样的体验更敏锐。有了这种摒弃了杂质的觉察,专注就得以深化,而且将每个人带入全身心投入的状态。每个准备考试的人或尝试投棒球的投手,都知道这种感觉,并且会在那个时刻努力从自己的大脑中清除其他

第九章
逃离当下

杂事。不过，尽管付出了这种热忱的努力，要想保持敏锐的专注，还是非常不容易的，因为总是有成千上万的兴趣点在争相吸引你的注意。

在1950年前后，治疗师特别警觉干扰专注的这些源头，他们发现这些干扰源会阻碍改变。他们中的许多人开始不信任错综复杂的影响网络，认为这是在逃避正在发生的事情，但他们认为此时此刻才真正有价值。以前的治疗师接受的主题包括许多对过去身心分离的悲叹、对未来的忧虑及对来自朋友的排斥的空洞叙述。如今，在新的切入方式下，他们决意越过心理学上的所有繁文缛节，直奔明确的知觉与感受。当他们有能力从广阔的心理场景中将众多事情成功汇聚到当下时，他们发现这种做法有净化纷繁的事情的效果。在一个复杂得乱了套的世界，突出即时性强调的是简单朴素，这有助于隔绝导致治疗进展缓慢且使人身心疲惫的许多思维习惯。

在这种收窄的思维方式下，任何对一个点的热诚专注，都可能会让你脱离一连串的内在事情。举个例子，一种简单的知觉，例如痒。当得到这种聚焦式的关注时，一开始可能会感到痒得更厉害了。随后，这种痒的感觉会转移到身体的另一个部位，接着是下一个部位，最后回到最开始感到痒的部位。在持续的专注中，每个觉察都可能会点燃下一个，直到整个身体仿佛被文火加热了。增强的知觉，可能像多米诺骨牌逐个竖起而不是倒下那样出现，汇集起一波又一波的感受，释放被压抑的能量，让人精神焕发，但他原本仅仅是像平时一样体验到了可能被忽略的瘙痒感。

这种简单的一系列知觉带来的着迷，在更复杂的行为中也存在。此时此刻与大脑中想象的父亲对话，比与别人交谈有关父亲的话题，更富于戏剧性；击打枕头的行为，也比讲述没打起来的仗更有意思；敞开心扉把保留的批评意见表达出来，比含沙射影、含糊其词地发牢骚要好。许多类似的即时性练习，使许多人进入过往无法想象的着迷的高度，而一个新术语、高峰体验，作为全身心投入及其妙不可言的结果的代名词，被广为采用。

人们普遍认为，当下的力量掩盖了全神贯注带来的让人印象深刻的影响。"此时此刻"这个定位，本身并不会确保实现高质量的专注。即使许多人可能沉浸在自己当前的关切中，但他们的专注力仍然很差。例如，抑郁的人很少关心未来，而只是模糊地关心过去。这时，出问题的不是他们的行事日历，而是他们的专注力。有良好专注力的人，也不会专注于当下。显然，他们可能对任何时间、任何地点发生的事情感兴趣。

然而，由于现在说如何专注比教人们要容易得多，所以，

第九章
逃离当下

指引人们"活在当下"比要求复杂的专注更容易被接受。赞成活在当下这个理念的人越来越多，因为他们意识到，允许他们的生活被耽搁和偏离，已经让他们失去太多。他们不再接受在未来某个时候，如毕业、结婚或退休之前，一直将生活置于次要地位，这一点不难理解。许多人开始相信当下是他们自己拥有的一切，是唯一的现实。

甚至在1984年，这种观点在一本被称为《珍贵的当下》的很可爱的书中被反映出来。在这本书里，当下受到了毫不吝啬的赞扬。为了对读者有吸引力，这本书是用寓言体写的。一位智慧的长者在向一个小男孩解释"珍贵的当下"时说："当下之所以是当下，因为它是一份礼物（在英语中，'当下'一词也可译作'礼物'——译者注），而它之所以珍贵，是因为收到这份礼物的任何人都会永远快乐。"对当下拟物化的描写，持续伴随着小男孩如寻找圣杯一样寻找当下的历程。尽管这本书将"当下"比平常更加神化了，它还是阐明了"当下"的重要地位，"当下"成了意味着自足、意义与本真的流行语。然而，这也可能变成制约性的视角，常常削弱了关注生活中许多值得注意的方面。

深度的关注是每个人与生俱来的技能，只是偶尔被"停留在当下"的指引诱导。这是一种天生的专注，通过这种专注，每个人将身边的世界引入自己的体验范围内。当这种功能运行良好时，每个人都可以自如而优雅地向自己独立自主范围内一切事物伸展。成年人会羡慕地认识到孩子们身上的这种独立自在。对成年人来说，孩子们全然投入的能力，就像梦想成真一样。通过简单的专注，孩子们很容易进入着迷状态。

随着孩子们慢慢长大，他们感兴趣的事很大程度上被他人左右——他们的父母、朋友、老师及宗教领袖和警察。他们不被允许做许多引发自己兴趣的事情，例如穿过马路，把妈妈的碗扔到地上看这些碗如何碎裂。他们也被吼叫、打屁股及被自相矛盾的指令搞得不知所措。他们还被要求去做许多自己不情愿做的事，例如坐在地理课堂上，或者吃一些他们讨厌的食物。

然后，专注及随之而来的着迷开始消失。在学校里，有些幸运的学生还会着迷于自己所学的东西，但他们中的大多数只是不得不完成学习任务。最好的情况下，他们带着沉重的决心、习惯心不在焉地这么做。而老师通常也不关心他们的学生是否着迷——而只是关心他们是否学习了规定的知识——乘法运算表、莎士比亚或一门外语。大家收到的信息是：因为学习不能敷衍了事，所以无论你喜欢还是不喜欢，都要学！

对许多人而言，除了分心去获得一个个学位，无其他事

第九章
逃离当下

可做。这是人们应对许多不得不做的事情的办法。捏着鼻子吃球芽甘蓝，犯错误时可能绷紧肌肉，做着关于一个同学的白日梦而不去跟她说话，这些正是活在当下的倡导者决意要消除的非常盛行的身心分离状态。这种身心分离状态并不是什么新事物，而是很多年来一直在积聚。不过，在本世纪，身心分离却制造了一个特别的印记。它成了大批作家钟爱的主题，特别是卡夫卡、萨特和加缪。到目前为止，对身心分离的认识已经如此广泛，以至于它不仅仅在艺术领域被广泛地研究，还频繁受到一般性的评论影响。如今，了解工作中去个人化的力量，并不需要太多哲学修养。

分裂

将注意力与大量可能不受欢迎的事物切断

专注与身心分离可能被视为对立的两极，在身心分离的情况下，很难做到专注。墨守成规，不合时宜的习惯，错误的语言，对一些人的重大义务，以及各种各样特殊的恐惧，都在影响着每个人的日常生活，让他们分心。假设这些影响不会消失，就必须通过自助的方式提高专注力，而不去理会导致身心分离的持续原因。这的确是个复杂难懂的问题，而对"此时此刻"的体验，通过做一件特别了不起的事情，就会朝理清这个问题更进一步，这件事是：让专注与身心分离成为盟友！当专注于此时此刻时，我们就会从其他一切事情上分离出来。"此时此刻"为专注的领域留出了一小块地方，其余的就不重要了。

通过缩小个人关注的范围，强调当下有助于刷新一种古老的心理手段——分裂。即借助一种自然分裂的能力，人们就能够将自己的注意力从自己生活中的重要领域转移开来，从而将注意力固定在一些特定的关注点上。过去，这种分裂现象常常被认为是病态的，因为它意味着严重缺乏一种能力——将注意力在所关注的各领域之间做必要的来回切换。例如，一个有双重人格的人，可能在一种身份下不知道另一种身份的存在。或者一个人可能已经消除了自杀的想法，却鬼使神差地自杀了。实际上，分裂不仅仅是病态的，它更是一种可能介于病态与健康之间的任何一点上都很明显的现象。它可能代表着健康着迷的顶点，或者医院后面病房里的妄想。

因此，分裂可能被认为是将注意力与大量可能不受欢迎的事物切断的普遍手段。这种排斥现象发生在一位正在走神的司机身上，他突然注意到自己根本没有把注意力放在道路上。或者当一位画家惊讶地意识到现在是晚餐时间了，但他

第九章
逃离当下

忘记了吃饭，分裂可能不那么危险，而是更加目的明确地出现。对于这位司机和画家来说，注意力的转移短暂失灵了。转移注意力是否可取，取决于特定的环境。这位画家，完全沉浸在工作中，不需要转移注意力，除非着火了，或者在别处有个重要约会，又或者感到饿了。很显然，有时候分裂的注意力可能很有效，代表着高度专注；而另一些时候，必须转移注意力的时候，分裂可能会造成灾难性的后果。

当然，一心一意的专注也会有风险——一个人可能会将许多不可缺少的体验搁置。被忽略的那些事迟早会冒出来并在人们心头挥之不去。无论一个人此刻在做什么，感受到了什么，想要什么，都最好与衍生出这一切且可回溯这一切的巨大体验背景相协调。没有哪种思想、行为、愿望是独立的存在。无论一个人喝酒、喝牛奶，还是喝水、喝毒汁，都会与对这个人很重要的事有关。所以，一个加入了AA（匿名戒酒会）的人一般不会喝酒，一个放荡的人不会喝牛奶，一个游泳者不会喝游泳池的水，而即便一个快乐的人其想法偏离到完全相反的方向，也不会自杀。

虽然这些等式中存在着无数的例外，也有巨大的个人独特性空间，但任何人的体验对不协调或多或少还是会敬而远之。要将一个人从这种各种元素交织的系统中解脱出来，还是要花些力气的，这就是为什么说"你无法逃避自己"。尽管你不能真的逃避自己，但是，如果你打算改变，你就必须超越这种曾经存在过的背景，这种背景已经影响了你的心智状态。分裂之路，我很快会说到，它是努力超越这些影响的一种有力手段。在详细阐述这个选项之前，无论如何请允许我简述一下心理改变截然不同的选项，这个选项在任何人一生的发展变化中着重强调"情境"。

  首先，在考虑情境的作用时，任何人都可以从大量的基本选项中选出重要的选项，而不是任何一个人能利用的选项。为了阐明这一点，我们可以从这个意识开始：一个人不可能仅仅看见一个男人，仅此而已。一个人可以从许多其他情境的可能性中仅仅看见一个男人，他走在大街上，穿着运动服，牵着两个孩子的手，一个孩子是他的儿子，另一个是他邻居的孩子。这是对人物与背景之间不可避免的关系的简单陈述，在这种情况下，就是男人之于大街、孩子们与服装的关系。但是，假设感知者是个女性，将看见的这个男人与她自己感知到的构成情境的其他一切联系起来时，还有其他的选择。如果这位感知者只顾着想一个不开心的电话，整个体验就会完全不同。然后她可能只会无意间注意到这个男人。另一方面，如果这位感知者自己深深地被这个男人吸引，那个电话可能就不那么重要了。或者她只会漫不经心地注意孩子们。再进一步，如果她知道这个男人的妻子刚刚过世了，她可能

第九章
逃离当下

会感到同情。或者可能会看见这个男人唤起对一个电影场景的回想。或者她可能想大声打招呼并邀请这个男人和孩子们到她家去。所有这些来自背景的选项，给了感知者很大的杠杆作用，以促进其行为与感知方面的个人选择。

其次，在强调情境时，人们可能会重新解读已经发生的事，这是精神分析中被广泛认知的一个步骤。这个选择基于这样的认识：由于人们的早期生活所提供的情境，存在不希望出现的行为和感受。举个例子，一位患者在面对她的老板时总是觉得非常不舒服，她可能已经忘记她的父亲曾经大声地冲她大喊大叫。在精神分析中，她记得，因此给了她机会改变自己对早年真正发生过的事的理解。她可能意识到她的父亲的大喊大叫源自对一堆麻烦事的绝望，而这些麻烦事与他女儿毫不相干。这种理解提供的新体验的情境，对患者改善与她老板的接触会更加适宜，毕竟她的老板不是她的父亲，而且（我猜）他也没感到绝望。精神分析师看到重组过去富有成效时，自然会高度重视每一位患者的人生情境。

现在，让我们回到分裂者身上。他们从相反的立场着手去改变。他们没有在特定情境中搜寻，而是或多或少地去除这种行为，以开始全新的体验。这些探索的主要方法有洗脑、冥想、催眠、吃药，以及以关注"此时此刻"为导向的心理治疗，特别是完形疗法中的那些方法。尽管这些手段中的每一种都有不同的动机、步骤并产生不同的结果，但它们都能使人们跳出时间的连续性。这在时间压力日益增强的世界颇有吸引力。在这个世界流行着一种说法："让世界停下来，我要离开。"这些方法有助于做到这一点，并引导人们在一个看起来纯净、吸引人、健全、自发的当下找到避难所。让我们看看这些方法中的每一个是如何发展出对新体验的开放状态并筑起牢笼和围墙的。

洗脑
洗心革面，打开心智接受当下涌进来的一切

通常，分裂治疗的对象是可能无法预见任何结果，但无论如何想参与的人。然而，事情并不总是这样，尤其是对持不同政见者或外国敌人的洗脑。洗脑也许是有意废除情境最粗暴的例子。洗脑的目的是洗心革面，打开心智接受当下涌进来的一切，必要时必须强力这么做。

在各个年代，洗脑的方式已经被利用。在美国文化中，我们为年轻人第一次离开家去上大学而创造学习氛围已经很长时间了。最近，由于流动更容易了，我们甚至将高中的啦啦队队长从他们家所住的社区送走，让他们一起住在遥远的

第九章
逃离当下

校园里学习技巧。如今，在教堂和各行业，集中培训都是司空见惯的活动，还有为交友团体举办的活动，也是为了获得最佳的学习效果而创造隔离的氛围。那些离家去追求这些的人，通过集中注意力在学习上取得了飞跃，而与家庭和其他熟悉的影响分离，也更容易集中注意力。

催眠
短暂脱离

催眠是将某一时刻的体验从情境中短暂脱离出来的另一种方式。催眠诱导的方法一般用于收窄人们关注的范围。催眠有着千变万化的步骤和目的，但最为人熟知的做法还是将注意力引向某个特定的感知或外部对象上，将对其他一切的关注放到次要位置。马里恩·摩尔提到米尔顿·艾瑞克森——著名的催眠治疗师时，说他是"将人们从关注自己周围的事物和自己的想法中抽离出来的大师……他的导入步骤的目标是将人们的思想转向内心，以此限制他对外部刺激因素的注意。这种将注意力转移的做法，会很快激发出一种深度催眠的状态"。一旦催眠状态被激发，人处于这种分裂状态，平常的信念和习惯通常就会被忽视。被催眠者特定的新专注接管了一切，将其他一切都抛到一边。正如艾瑞克森与其合作的作者欧内斯特·罗西所说："当治疗师给患者正在进行的'此时此刻'的体验正确地贴上标签时，患者通常会立即表示感激，而且对治疗师可能说的任何话都保持开放态度。（这开启了）对治疗师可能想推荐的无论什么建议说'是'的开关。"

这种对催眠诱导的描述，支持了这样的主张：完全专注于当下的体验，可能会改变一个人接受新观念的方式。一旦制造了分裂，这个人就会自如地和治疗师谈论原本不可触及的那些体验。或者通过催眠后的建议，他能够去做自己原本不会做的事情。有时候，一门心思将患者推进得太快，又会使他们畏缩不前。有时候，他们可能还是会往前走，不过会变得非常焦虑。无论在哪种情况下，治疗师都面临着彻底摒弃情境的力量的局限。在恐惧痛苦出现时，治疗师必须继续指引患者穿越仍在发作的惊恐。

催眠与洗脑的主要区别是，洗脑需要漫长的过程，而催眠尤其要注意诱导与预期的特殊结果之间的紧密间隔。催眠状态很快会产生众所周知的效果，其范围从被麻醉和产生巨大的力量，到回忆起一些被深深遗忘的事情。通过催眠后的暗示，一个人会给自己以前不敢致电的朋友打电话，给他的孩子讲他以前觉得不好意思讲的故事，镇定地发表演讲，而

第九章
逃离当下

以前会感到恐慌，勇敢踏进曾经似乎像死刑执行间的电梯。这些在平常环境中不会有的一些类似的重大成果，使催眠在史上所有似乎很神奇的本领中，牢牢占据一席之地。

有个人在集体催眠示范中被告知，他将无法举起自己的胳膊，后来他说，自己明明知道如果自己想这么做，他就可以举起来，可他却不知道怎么做。他只是缺失做这个简单动作的意志与手段之间的连接，就好像他性格的关键部分不能将各部分连接在一起。类似的分裂也可能自然而然地在日常生活中发生。有个女人从低落的情绪状态中走出来后，才告诉她的丈夫，其实她当时很想跟他说话，甚至想原谅他，可就是找不到任何办法开口。

洗脑和催眠的另一个区别是，催眠通常用于特定的暂时的活动，而且也不是把分裂的状态强加于人。不过，区别有时很模糊。越来越多的人意识到，在熟悉的催眠状态下，特别是在影响力因素的影响下，实际上在更普遍甚至非自愿的基础上也会起作用。即时性的激发，普遍会制造某种程度的分裂。拯救一位溺水儿童，在一场斗殴中被抓住，看着50英尺（约15.24米）高的火光冲向天空，都会让人忘记其他的一切。另一些日常体验，也有一种自然而然的催眠作用。能言善辩，敏锐地利用人们的某些特定需求，制造一种紧迫感，极具说服力地支持某人的立场，成功的光环是吸引人们高度关注的因素之一。这些效果并不需要任何特别准备的专注的条件，这些条件通常将一种体验定义为催眠。随着催眠技术的不断提高及社会氛围推崇"当下"，人们可能会越来越容易相信，当下感受到的一切都是真实的。催眠是这个时代的伟大发现之一，不仅在治疗上起作用，还能助人窥见内在隐秘的心智转变。不过，我们会将一句老话翻过来说——没有对人人都有利的好事，即有利就有弊。这可能就是本章通篇的中心思想。

冥想

让人印象深刻的内在改变常常随之而来

催眠促成行为改变的奇妙优势，一直被拿来与它的第一表亲"冥想"相比较。有时候它们难分彼此。它们都不包括人们觉察的正常范围，而倾向于持久、不分散的注意力。冥想在大批人中变得稀松平常，就像祷告之于教会活动一样。许多人会重复地（通常是每天）将注意力集中在一个咒语、一幅画、一种感觉、一种心境（例如爱）等上面一段时间，例如二十分钟或更长时间。以此开始，让人印象深刻的内在改变常常随之而来。持久的宁静、宏大的和谐感、身体上的

第九章
逃离当下

放松、朴素的自信、处理问题生气勃勃的乐观主义——这一切都是最好的例证，证明了冥想的专注在个人转化方面的巨大优势。

戈皮·克里希纳，一位冥想的实践者，绘声绘色地写下了他对昆达里尼体验领域的探索文章。昆达里尼是一种根植于脊椎尾端的生命能量。当它被唤醒时，会"将被限制的人类意识带到超越一般常识与信念的高度，赋予个体以不可思议的身体与精神力量"。当然，克里希纳的体验超过了那些普通的冥想练习者。他们光彩照人并欣喜若狂。最好还是用克里希纳自己的话来阐释影响高级冥想者的迷人力量。关于他梦想的生活，他说：

> 我的梦想，拥有非常高的、异乎寻常和难以捉摸的品质，如此的生动而明亮，以至于在梦境中，我真的活在一个闪光的世界，这里所有的景物在绝美闪亮的背景映衬下泛着光芒，展现出一幅如此辉煌与庄严的图画，丝毫没有夸大我的真实感受，仿佛每一晚我在熟睡中漫步于天国，生活在让人心醉的九天之上……晚上一个记忆犹新的快乐之梦带来的栩栩如生的印象，在脑海中整天逗留，似乎只是超级世俗存在几个小时的一段甜美记忆，紧随其后

在第二天晚上看到的，又跟前一天晚上看到的一样甜美、生动。

唯恐这种极乐感受被别人断章取义地羡慕，克里希纳说道：

和大多数对瑜伽感兴趣的男人一样，我完全不知道，设计好的用于开发男人潜在可能性和高贵品质的系统，有时可能会充满危险，以致摧毁了正常的神智，或者因为完全不相干和无法控制的精神状况的十足重压，摧毁了一个人的生命。

克里希纳认为，随着自己释放昆达里尼气流而来的近乎毁灭性的痛苦折磨，源于他自我引导的探索中领会的错误方向。不过，我们也可以推测，出现麻烦是因为吸收能量时遇到了困难，这些困难源于他之前的人生体验未能提供一个接纳的背景。不管他之前有哪些重要的人生体验，分裂体验的新能量还是产生了，这些新能量并非因为这些经历而产生。克里希纳有足够的勇气超越自己表面上的命运，而他内心斗争的过程中，他的光亮与自己之前的人生之间达成了和解。在这种和谐的状态出现以前，他一度这样公告自己损耗的严重程度：

第九章
逃离当下

我失去了对我的妻子和孩子所有爱的感觉，我曾经从内心深处深情地爱着他们。我内心的爱之泉似乎完全枯竭了……我一遍又一遍看着我的孩子们，试图唤起以前注视他们时那种深切的感情，但只是徒劳……在我眼里，他们并不比陌生人好。（最后一句话是我感受到的）

完形疗法

我们可以向前看的未来是存在的

完形疗法在这些收缩场景的工具中占有一席之地，虽然活在当下的首要地位原本只是其方法中很小的一部分。尽管许多实践者对完形疗法有一些狭隘的印象，实际上完形疗法是非常复杂的方法论体系。完形中"此时此刻"的一个基本条件是将回想、想象和计划作为当下的功能。虽然这个合格的当下感应该确保关注任何体验，无论在哪里或何时发生，但它已经承受了合格的当下感经常会承受的命运。它已经居于次要位置了。人们不可避免地相信过去的事不重要，同时又相信回忆很重要，这种自相矛盾的冲突让人感到困惑。由于把握矛盾双方的平衡很难，于是一方就成了主导——相信唯有当下最重要。

　　这种情况甚至发生在完形疗法的创始人弗里茨·波尔斯身上。他早期创建理论学说时，把当下描绘成"与过去与未来相反的永恒运动的零点"，他仍然认为过去与未来是当下的实时参考点。虽然他从未真正改变过自己的想法，我们也不会通过读他后来有关当下的格言了解到这一点。不过，在实际治疗工作中，他在引导人们重视早期生活体验方面是位大师，那些恢复的体验如此活灵活现，以至于感觉几乎像经历了穿越时光隧道之旅。他在《今日完形疗法》中写道：

　　　　我只有一个目标：传授"此刻"这个词的一部分意思。对我来说，除了"此刻"，什么都不存在。此刻＝体验＝觉察＝现实。过去不再来，而未来还没来。

　　他的读者和听众会怎么想？他们中最认真严肃的人能够将这种说法与他自己的实际工作和其他的指引相协调，例如，需要完成未完成的事，人物与背景之间不可分割的关系，以及人类功能的中心地位。这些看法都尊重了体验的多样性及体验所根植的背景。尽管如此，对另一些人来说，他过于简

第九章
逃离当下

单化地描绘"此时此刻",还是显得格外突出。为了便于快速交流,一方面,波尔斯确切地说明了此刻与体验、意识和现实之间清楚的等式,另一方面它们也很好用——不过只是大致准确。由于当下只是时间连续性上的一个点,实际上它既不是体验,也不是意识,更不是现实。一切事情都是在时间中发生的,而不是时间,跟盒子里的一件珠宝并不是盒子是一个道理。

关于"此时此刻"的另一个错误是,波尔斯关于"当下"的那些口号是广为传播的存在主义思潮的一部分。实际上,许多存在主义者,包括克尔凯郭尔、宾斯万格、梅和狄格等,并不赞成"当下至上"论。举个例子,根据亨利·埃伦伯格的记载,狄格说只有一岁大的孩子才生活在当下。四岁大的孩子已经有天的概念,五岁大的孩子有昨天和明天的概念,八岁大的孩子有周的概念,十五岁大的人有月的概念,二十岁大的人有年的概念,而四十岁的人则兼有几年和几十年的概念。他补充到,精神分裂症限制了他们对过去与未来的认识,与智能发育迟缓和精神变态一样。

然而,波尔斯的观点确实与让·保罗·萨特对时间性高度复杂看法的形象过于简单化形成了鲜明的对比。在《恶心》一书中,萨特将自己故事的主人公昆廷荒谬地塑造成了一位历史学家,把当下以外的所有体验都抹去了。昆廷说:

> 我焦虑地环顾四周：当下，除了当下什么也没有。家具明亮而结实地扎根在它的当下，一张桌子，一张床，一个带镜子的壁橱——还有我。当下的本真揭示了它自己：它是存在的一切，那些非当下的一切都不存在。过去不存在。根本不存在。不在事物中，甚至不在我的思想里。现在我知道：事物完全是它们呈现出来的样子——而在它们背后……什么也不存在。

这是对生活中的背景因素让人不寒而栗的屈从，与波尔斯的那些口号相匹配，它照亮了走向抹杀情境的道路。然而，正如波尔斯认真的思考，将揭示对人类体验更广泛充分的关注，"此时此刻"的局限性也会被认为是萨特的滑稽表演。例如，他在《存在与虚无》一书中说：

> 如果我们从一开始就把人孤立于当下这个瞬间的孤岛上……我们就彻底丢失了理解他与过去的原始关系的所有方法。

跟随这种孤立感，人们可能会发现，即使在昆廷除了当

第九章
逃离当下

下什么也没看见的《恶心》这本书里，他的状态也会被视为一种病，而不是一种自然的人类状态。他感到被囚禁在当下，而且因意识到自己不再想让时间停止而焦虑。他深受烦扰，对目的的需求，对成型的关系的需求，对熟悉的活动与地点的需求，都是不确定的。他哀怨地说道：

> 我以前从未有过这么强烈的感受，我缺乏隐秘的维度，封闭在自身的局限中，随意的想法从体内像泡泡一样往上浮。我用当下的自我建立起记忆。我被赶了出去，被抛弃在当下。我徒劳无功地试图重回过去：我无法逃离。（最后一句话是我感受到的）

昆廷封闭在当下的极度痛苦，与所有神经官能症具有的困境相吻合。也许萨特将昆廷看作被当下悲惨地禁锢了；也许相反，他认为他懊悔地不愿意活在当下。实际上，那儿什么也没有，既没有可居住的地方，也没有可逃离的地方。想到"活在当下"，就会让人想起数字时钟，给孤立的当下一个恰当的象征。这项发明不仅仅具备普通的便利性，这在蒂娜·雅各博维茨的观察资料中有详细的说明。她是新泽西州的一个教育工作者，她注意到孩子们学分数不如原来好了。她认为传统的钟表盘面显示的关系，在数字钟表中不再显现。有些概念，例如之前、之后、整体、部分、过一半和四分之一等，都无法在这些时钟上具体表现出来。对于一分钟中所有无穷多的瞬间来说，时间是静止的，而且总是静止的，无论时钟显示的是什么时间，都只是任何人可以看见的时间而已。为了有利于简单化，数字钟表抹去了任何特定时间出现的情境，从而抵消了连续转化运动的视觉体验。严格以当下为导向的人，会产生类似的数字思维。不过，只有考虑到时间运动的必然性，人们的注意力才能够和谐地指向全部的人生体验。

尽管如此，作为用于突出注意力的心理渠道，"此时此刻"对一个非常重要的目标有用，它有助于拉近每个人及生活事件之间的心理距离。当努力进入当下状态时，人们偶然会被推动着进入自己内在的体验。人们发现，最重要的是正在发生的事情、在谁身上发生、怎么发生、什么时候发生、人们对发生的事情的感受如何，特别是发生的事情的后果是什么。直接引导患者了解他自己的功能和意识，而不是"活在当下"时，治疗师会更关注根本的东西。然后，因高度专注而产生的狭窄的体验，会带领他往前走，就像一架飞机在精确无线电波的引导下自动导航。

为了使放大的体验自我赋能的强度，与承载着每个人的体验的更广泛的现实相协调，治疗师必须足够多才多艺，可以在与患者共舞的不同模式之间来回穿梭。在治疗中包含这

第九章
逃离当下

种综合性并添加日常的人情味，通常被视为浪费时间，例如交换菜谱、到处开玩笑、回顾一部电影或者讨论度假计划。谈论某人房子的装修，描述一位亲密的朋友，或者提到一次迷路的冒险，都可以持续增强一个人对另一个人简单的兴趣。展开人们体验过的主要事情，看到他正在做的事情的意义，为新的机会做计划，感受友谊的重要——类似这样的人类关注点，都强调了每个人关注的全面性。这个话题的范围和形式有助于将孤立的体验转化成人们更广泛的存在感的明显体现。

从一种模式转入另一种模式，并不需要排除高度集中的状态。当然，转换成高度集中的状态，为此提供了舞台。即便是像小说那样浓缩，也并不会制造持续的心悸，治疗亦然。一个有代表性的人类参与，不仅仅是聚焦于内在、击打枕头、进入对峙局面或者神经元跳动时的颤抖。因此，淡化收窄的能量的风险，通常值得去承担。转换太少——只是高度集中于强调"此时此刻"——会阻止很多重要的东西：投入的持续性、一个人行为的意义、对必须有准备的复杂性有所准备、可靠性及对人们确实会暴露出来的需求的反应，等等。当这些不可避免的生活需求被习惯性地搁置起来，并为那些应该只是临时的技术性需求让步时，后果是产生与相关社会的大部分人的疏离感，而另一个后果是将生活过得死气沉沉。

举两个人们受当下体验的固有思维影响的例子,这有助于展现一些疏离效应及逃离当下的治疗性诱因。阿比盖尔是个25岁的女人,她的父母基于宗教原因反对她与一个男人未婚同居,而且疏远了她。与父母之间产生了疏离,尽管阿比盖尔对此感到无比烦恼,但她还是坚持与自己深爱的这个男人住在了一起。她很急切地想与父母和解,但不想以牺牲自己的选择自由为代价。在跟我讲她的故事时,她的语调听起来比她实际25岁的年纪要小,以绝望的孩子般的立场与她的父母抗争。对于现在的生活,她比父母了解得多得多,可她说起话来总是软弱无力。我请她向父母大声讲出来,想象他们就坐在我的办公室。她说他们会尖酸刻薄地问她是否打算结婚。作为答复,她说她不想谈这件事。通常,在实际面对他们时,她要么会流着眼泪态度软化,要么会陷入紧张性昏厥似的僵硬状态。我鼓励她尽最大努力讲出来,乘机利用自己的知识说出自己了解的真实情况。之后,通过扮演双方的角色,她讲出了自己与父母之间的如下对话:

  阿比盖尔:我们还没有结婚,是因为我们很享受住在一起,但我不想做任何事,仅仅因为我应该去做……我内心必须感觉到这件事非常重要才会去做。
  父母:(尖酸刻薄地)好吧,那么对你来说,基

第九章
逃离当下

督教信仰是不是一个足够好的结婚理由呢？

阿比盖尔：对我来说，基督教信仰非常重要。最重要的是信仰的精神意义，去体验与神同在的感觉。我认为，信教并不仅仅意味着恪守教条。根据我们的教义，结婚是一件神圣的事情。而我不知道为什么……我完全无法理解这一点。（痛哭起来，看起来又困惑、屈服了）

此时到达了一个关键节点。有一会儿，阿比盖尔清晰明确地表达了自己的立场，然后，她又出现了典型的困惑状态。她在目前的环境下坚信自己知道的一切，换到和父母在一起时就动摇了。尽管她很相信自己的真相，但因为这些真相是分离的，所以在跟她父母说起来时，就变得不适用了。

她告诉我，他们来自另一个世界，当她想象他们时，他们会挑剔地看着她，既不理解她，也不打算理解她。对她来说，通常感受到的就是自己在做错误的事情。尽管她跟父母待在一起感到很不舒服，但她还是依附在自己的过去上。她需要他们不仅仅因为彼此的关系，也是为了克服她被自己的整个过去隔离的感觉。她的无连接感就像一次切除术，把她与她自己可以获得的支持割离了，将自己置于无限的哀怨中。对她来说，失去双亲的丧失感已经让她够悲伤了，但是，当她放弃一生的体验时（当然这些体验并不属于她的父母），她感到更加不安。

这时我告诉她，她看起来像是要停止和他们对话，因为她认为他们不会听——不过她可能停止得太早了点儿。无论他们是否想听，她都需要澄清那些话的意思。当我问她是否愿意继续这次对话时，她回到了对话中。她再一次扮演了双方，这次是以柔和一些的语调来说的。她父母告诉她，由于她的离开，他们感到深受伤害，而且说他们很担心她在浪费自己的人生，她没有未来。作为回应，阿比盖尔做出回答。

阿比盖尔：我不认为事情是这样的。我有非常好的未来。对我来说，我此刻拥有的，才是最重要的，而不是从现在开始的二十年、三十年、五十年后。就应该这样。我不知道什么会持续这么久。我此刻拥有的，与未来没有丝毫关系。这是我选择的活在当下的方式——可能会变，但我不知道（她的声音中又开始出现哀怨的味道，而且听起来有些勉强了）。我只知道我今天过得很开心。（毫无说服力）

她似乎陷入了对当下体验的顶礼膜拜中。我跟她解释，她已经开始说自己有非常好的未来，然后又完全不相信未来

第九章
逃离当下

并放弃了这个信念。我解释到,她可能确实对未来有些期待,有些期待很微妙,有些期待很明显。我提示到,她的父母之所以认为她错了,是因为她告诉他们未来不重要,而不是像她刚开始说的那样,她对自己的未来有不同的看法。她可能也认为自己错了,因为未来确实重要,尽管这会被自己交往的非常注重当下的那些人反驳。她的困惑让自己站不住脚。这时,我建议她再次对父母说话,只说对她来说很真实的话。

> 阿比盖尔:你们说我没有未来,这没什么意义,也就是说,如果我不结婚,很快就会轻易完蛋,而如果我结婚了,就不会。没有人能脱离未来……我不认为这是真的……我认为我们对彼此有非常坚定的承诺……无论我们之间出现什么问题,我们会从长远来考虑,而不是仅仅考虑现在的好处,而且我们不会因为更容易卷起铺盖就走而结婚。

此时,她的声音中完全没有了哀怨。凝视的目光清澈澄明,而平时她的脸上会带着疑问的表情。她现在仿佛不在乎父母是否接受她所说的话。她明显很确信自己说的话。当我问她,这么说感受如何时,她只是回答"很清楚"。此刻她似乎非常理智、踏实,而且后来觉察到了自己一生累积的知识。

"这是一个改变我被教导并把我学到的其他一切都放到一起的过程。"

在阿比盖尔的意识中，当下明显占有优势地位。这种专注使她可以拥有一段自己的背景不允许的关系。由于她无法处理矛盾的状况，她不得不切断她父母对她的影响，也与自己人生的大部分经历脱离开来，这完全没有必要。她错误地将父母的影响等同于自己过去的人生。但她的过去——任何人的过去——都比父母的态度重要得多，而且无论父母是否接受她，她都可以为自己现在的人生留下舒适宜人的背景。她的过去、现在与未来交织的整幅画面变得完全混乱不堪。一旦她认识到自己论点的真相，那么，将这些全部放到一起，并不会如她认为的那样让她绝望。一旦她相信自己真实的未来，而不是依赖分裂的胡言乱语，她与自己深爱的男人之间的关系就被视为生活简单延续的一部分。

另一位患者，叫安，35岁，是一个刚从社会工作专业毕业的研究生，她描述了自己被"当下"禁锢的不同的体验。她说：

> 我曾经非常以目标为导向……一旦我的婚姻破裂，我就失去了未来感，失去了梦想，还失去了可以拥有这些的感觉。年轻的时候，我认为自己总能

第九章
逃离当下

够得到想要的一切——这也许是年轻的特性之一。我通常……都能得到我想要的。现在我不再有这种感觉了——我一度真的有这种感觉——我可以得到自己想要的一切的感觉。但我不能真的像过去常常感觉到的那样感觉到它了。我也没有梦想了——真正的梦想。我不去想象自己已经结过婚了,甚至再也无法想象结婚是怎么回事,或者生个孩子,我无法想象。

我偶然发现了自己写过的东西,是关于失去梦想及做梦的需要,而如果你不做梦,你就会跌落进一个无底洞——数年前我从认知的角度意识到,我需要创造一些我想要的新东西,但下面什么都没有——或者说,有种我无法得到它们的感觉。

安的话听起来很熟悉,让人想起萨特笔下的昆廷。这在情绪低落的人中很常见,他们一向体验着没有未来的感觉——只有失去。他们的注意力局限于暗淡的当下,同时又自相矛盾地避开当下可以让自己活跃起来的部分。然而,安并不典型,尽管她说话很沮丧,但还是精力充沛。她说话语速很快,几乎像是发连珠炮,但每一次说到那儿,她的体验都不是新的。她每时每刻的一连串体验彼此挤在一起,就像钢琴师弹的一个个单音，毫无独特性。

  我越来越清楚，安的未来感的丧失，导致她几乎不想从自己的体验中得到什么。需求驱动人们向任何体验的结果前进。安有必要开始对我、她的朋友、工作、患者和她自己有需求。她理解了这个意思并将它转化成寻找新的工作利益。她之前只是固守那份兼职或临时的工作，想着能干多久就干多久，而现在她找到了一份新工作，这份工作能对她的未来产生更大的影响。

  这需要一些努力。她不得不搬到一个偏远的小区，这个小区通常不会吸引她，她打算之后再搬走。这份工作和这个小区提供了更高层次的体验机会，提高了职业上的尊重，给了她特许的工作时间，以及与她更意趣相投的同事，让她从大城市你死我活的竞争中解脱出来，而且有了坚实的基础，可以迟一些在自己想生活的城市获得另一份工作。她以慎重的态度选择了这份工作，考虑到从长远来说什么是对她最好的。不过，即使是从短期来看，这也是值得的。她的面容更明媚，说话更清楚，衣着显得更有自尊，焦虑几乎不复存在了。她甚至不再怕我。但她不可能永远生活在这个镇子上：这个城市不属于她。当她对此牢骚满腹时，很明显她限制性的当下感还是根深蒂固，很难消除。她短视的习惯仍然导致她说自己不知道在那儿能干什么。她非常清楚自己在那里干

第九章
逃离当下

什么——恰恰是在获得她计划得到的一切。实际上，当她放开自己对毫无新意的镇子的刻板印象时，她发现自己在这个镇子上过得非常愉快，她是在一个新社区的中心，她比任何时候都更活跃和富有成效，在那里她做的一切产生了个人影响并带来了改变。她还找到了出色的工作伙伴。但她没找到一个男人可以同居或结婚，因此她感到非常遗憾。无论如何，尽管未来从来不会自动显露出轮廓，但它还是很清楚地在那里，而且她知道自己正不可阻挡地朝着它走去。（最近，写下这些内容一年以后，我收到了她结婚的通告。）

关于人们以"此时此刻"为导向对连续性的割裂，大卫·赫勒斯坦有进一步的阐明，他写了一本名为《彼得·潘》的书，讲了一群不愿意"长大"的男人。他描述的这些男人非常有魅力、聪明且暂时很成功。表面上，他们生活得很美好：他们建立了轻松的人际关系，愉快地玩耍，工作干得也很出色。但他们中没有一个人允许自己从这些成就中获益。当在同样位置上的其他人想有所行动——无论是提升工作还是发展关系时——他们就只是逃避。这些人只是在猎取当下提供的一切——兴奋、新奇、浪漫和爱慕。当他们感到无法应付时，无论是无法应付新的要求还是相反，被重复感纠缠而不是通过关注自然发生的一切，使自己的体验焕然一新，他们就必须重新开始——另一个地点，另一个人，另一份工作。

这些断断续续的变动每次发生后，这些人在再次面对无聊、复杂性、承诺或新的不愉快的任务之前，都会欣然接受。当然，无论如何这些障碍都会出现，但他们能够暂时游离地维持一种错觉——这一切只是在此刻发生。正如赫勒斯坦提到这些人中的一个时说："他可能似乎很严肃地投入一份工作或一段关系，但他又随时准备转向另一种生活状态。当需要真正的承诺时，他会在一瞬间溜走——他不会安定下来。他们活在无视生物钟和父母期望的状态，在永远年轻的错觉中自我陶醉。对这些人来说，当下常常是美好的，让人上瘾地不可抗拒，而且必须一而再再而三地重复，将自己的世界缩小到没有未来的新奇中。"

与彼得·潘快乐的神经官能症正好相反的是加缪的《局外人》中墨尔索的凄惨命运。在这部经典小说中，加缪以启示性与预言性的洞察，描绘了漂泊不定、毫无意义的生活的相似性。墨尔索经历了一系列似乎无法掌控的偶发事件，最终杀了一个人。他与被杀的这个人并没有个人利害关系，然而他还是这么做了。杀掉他也没有带来任何不同的结果，因为一切还是照旧。他在谋杀案审判期间所做的事，与他在审判中的明显利益关系不大。他评论事件非常简单，而且只是偶尔透露其重要性或意义。尽管他的生活充满冒险，但他还是会很快失去兴趣。他评述道："真正引起我注意的唯有偶尔

第九章
逃离当下

的一些短语……手势，或者一些精心设计的长篇大论——不过，这些都是孤立的片段。"他体验到的事情，都和其他事情一样，带有虚无主义色彩，尽管事情本身高度多样化。墨尔索告诉读者，他可悲的连续性丧失了，他说："有一天早晨，当监狱看守人员通知我，说我现在已经在监狱待了6个月了，我相信他——但这话并没有让我想起什么。对我而言，这就像是我进入这间囚室以来一直在过的相同日子，而且我一直在做相同的事情。"

先不论每个人在囚室里可能体验到的自然的相同感受，墨尔索的相同感只是他之前的生活中熟悉的千篇一律的体验的一种夸张。他在母亲去世后第二天做的事，与她已经去世这个事实没什么关系。对他来说，对彼得·潘这类人来说，现在的生活只是没完没了的重复，墨尔索从未从这种疾病中恢复过来。作为一个人体验的报告——在一部小说中——这种悲剧很容易被抛到一边。虽然是一部经典小说，触及了一代又一代富有洞察力的人的敏感性，它还是唤起了一些认识，证明它是值得关注的社会评论。

从这些对以当下为导向的人卡住的状态的描述中——我的许多患者、类似彼得·潘的人和加缪的墨尔索——可以明显看出，生活在狭隘的当下，可能会深受其害。它不能代替在人生所有复杂的维度中体验生活的戏剧性。当"此时此刻"

使人们洞察到狭隘的注意力产生的力量时，重要的是要在斗争中加入人文主义的分量，不要让技术占了上风。强调技术，就会戏剧性地突出常见的人性的斗争，这始终是完形疗法方法论中至关重要的内容。这包括许多很平常的东西：支持、好奇、善意、大胆的语言、大笑、犬儒主义、对悲剧的吸收、愤怒、温和及坚韧。这种常见的意识，是超越启示性技术的必要条件，它始终很活跃却没有被普遍地认可。简单的人性的确可以引发着迷，并与支持技术相呼应，以突出每一种生活的戏剧性，因此是现实。这些更广泛的兴趣，特别是由小说家表达的兴趣，可能有助于治疗师尽一切可能将人们的生活全部包括进去。不仅在这里，还在那里，不仅在此刻，还有那时。这对虚构的墨尔索来说太晚了，对现实生活中许多虚无主义者来说也没什么意思，但无论如何都值得关注的是，我们可以展望未来。无论我们看或不看，未来总会到来！

鸣谢

写一本书的时候,常常会感觉有点像遭遇了轮船失事,只是带着一台打字机流落在一个无人居住的小岛。于是,当发现实际上身边还有人可以帮忙的时候,就会非常开心。我想感谢给予了我非常重要的帮助的一些人。

首先是我的女儿,莎拉·波尔斯特,她是一位心理学家和写作顾问,和她谈论我的作品让我特别开心。她的建议与鼓励,对我来说是巨大的支持。她还领先于我在1975年写了一篇题为《科学方法与痛苦的魔力》的学士论文。在此文中,她探索了心理学与文学的关系。

迈克尔·米勒、赫尔曼·加东、娜塔莎·约瑟福维奇和汤姆·佩斯,也给了我莫大的支持,他们都是我的朋友和同事。他们每个人都读过我早期写的手稿,而且给了我敏锐而具有建设性的评价。我儿子亚当,从心理学之外的角度,也帮了我的忙。

我特别感激我的编辑，苏珊·巴罗斯和卡罗·豪克·史密斯，她们的严谨非常宝贵。

我还想感谢简·奥尔兹，她热情洋溢地帮我打字并打了很多书稿，还有莉娜·兹瓦克、厄休拉·弗雷曼和杰恩·布朗，他们慷慨地做了许多秘书工作。

我最强的动力来自我的妻子米里亚姆，她自始至终满怀爱意地陪伴在我身边。从产生写本书的想法，到她就一些特定段落给予的许多思路清晰的意见，我有幸得到了她全部的支持。